AF247791

DESCRIPTION GÉOLOGIQUE

DU

MASSIF DE LA SAINTE-BEAUME

(PROVENCE)

PAR

H. COQUAND

PROFESSEUR DE GÉOLOGIE ET DE MINÉRALOGIE ;

PRÉSIDENT DE LA SOCIÉTÉ D'ÉMULATION DE LA PROVENCE

MEMBRE DE LA SOCIÉTÉ GÉOLOGIQUE DE FRANCE, ETC.

MARSEILLE

TYPOGRAPHIE ET LITHOGRAPHIE ARNAUD ET COMP.

Rue Cannebière, 30.

1864

DESCRIPTION GÉOLOGIQUE

DU

MASSIF MONTAGNEUX DE LA SAINTE-BEAUME

(PROVENCE)

DESCRIPTION GÉOLOGIQUE

DU

MASSIF DE LA SAINTE-BEAUME

(PROVENCE)

PAR

H. COQUAND

PROFESSEUR DE GÉOLOGIE ET DE MINÉRALOGIE
PRÉSIDENT DE LA SOCIÉTÉ D'ÉMULATION DE LA PROVENCE
MEMBRE DE LA SOCIÉTÉ GÉOLOGIQUE DE FRANCE, ETC.

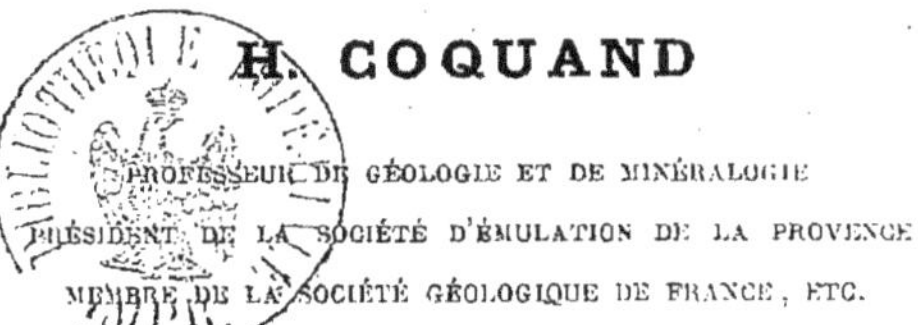

MARSEILLE

TYPOGRAPHIE ET LITHOGRAPHIE ARNAUD ET COMP^e,
Rue Cannebière, 10.

1864.

DESCRIPTION GÉOLOGIQUE

DU

MASSIF MONTAGNEUX DE LA SAINTE-BEAUME

(PROVENCE)

INTRODUCTION

Dans un Mémoire inséré récemment dans le *Bulletin de la Société géologique de France* (1), j'ai cherché à déterminer les rapports qui peuvent exister entre le Midi et le Sud-Ouest de la France pour les groupes de la craie moyenne et de la craie supérieure, et, à l'appui de mes propositions, j'ai dû me borner à choisir, dans les départements dont était constituée l'ancienne Provence, quelques localités classiques, où, grâce à la succession régulière des étages, j'avais eu le bonheur de rencontrer de bonnes coupes, que je me suis contenté d'interpréter d'une manière générale. C'était d'ailleurs suffisant pour le but auquel je prétendais atteindre.

Depuis cette publication, qui, comme on le voit, n'avait qu'une portée limitée, puisqu'elle n'envisageait la grande formation crétacée que dans ses étages supérieurs, en laissant de côté le terrain néocomien tout entier, ainsi que les étages albien (gault) et rhotomagien, j'ai dirigé plus spécialement mes études sur l'ensemble des formations secondaires du midi de la France, à partir du trias jusqu'aux premières assises tertiaires, fermement convaincu que je retrouverais sous nos méridiens méditerranéens la même succession de couches que dans la chaîne

---

(1) H. Coquand. *Rapports entre les groupes de la craie moyenne et de la craie supérieure de la Provence et du Sud-Ouest de la France. — Bulletin de la Soc. géol. de France*, t. xviii, p. 133.

du Jura, c'est-à-dire la totalité des divisions reconnues
dans les séries jurassiques et crétacées, ainsi qu'une concordance parfaite entre ces deux séries. C'est ce qui s'est
effectivement vérifié, et ce qu'il était permis de pressentir
d'ailleurs, puisque, dans le Jura comme dans les montagnes provençales, la présence de l'*Ammonites Astieri*, de
l'*Ostrea Couloni*, de la *Chama ammonia*, du *Belemnites semicanaliculatus*, des *Ammonites Lyelli*, *rhotomagensis* et
varians, du *Turrilites costatus*, et de beaucoup d'autres
fossiles, dont l'énumération ne peut trouver sa place en
cet endroit, indiquaient des horizons identiques, dont la
précision ne pouvait échapper à la clairvoyance des pa-
léontologues.

Pour arriver à une démonstration complète, il n'y avait
qu'à contrôler, par les études stratigraphiques, les premières données fournies par la paléontologie. La besogne
était rude ; car, avant de se prononcer, il s'agissait de
retrouver à la base du terrain néocomien les assises valengiennes, et au-dessus de l'oxfordien les étages corallien, kimméridgien et portlandien, dont on n'avait jamais
signalé, je dirai plus, dont on avait constamment nié
jusqu'ici l'existence dans les Alpes provençales. Il fallait
prouver, en outre, que l'infra-lias avait succédé réguliè-
rement aux marnes irisées, et cet infra-lias à peine indiqué par quelques bancs fossilifères, on était obligé de
l'exhumer du milieu de masses énormes de dolomie, qui
l'avaient pour ainsi dire absorbé. Trois ans de recherches
opiniâtres, poursuivies dans les départements du Var et
des Bouches-du-Rhône, nous ont enfin mis en possession
de ces divers étages, et ce n'est pas sans une grande satis-
faction, nous l'avouons en l'honneur des principes paléontologiques, que nous avons vu une fois de plus la
géologie vengée, par la saine interprétation des faunes,
des erreurs introduites dans ses doctrines au nom de la
stratigraphie.

En effet, nous dénoncions, dans un Mémoire publié
en 1863 (1), l'existence des couches à *Avicula contorta*,

---

(1) H. Coquand. *Sur l'existence des assises à* Avicula contorta, *dans les départements du Var et des Bouches-du-Rhône.* — *Bull. Soc. géol.*, t. xx, p. 426.

au-dessus des marnes irisées, et de cette découverte
capitale il découlait, comme conséquence nécessaire,
que, dans le midi de la France, le keuper se trouvait aussi
nettement séparé de la formation liasique que dans la
Savoie et la Lombardie, et que la persistance de fossiles
communs à un même niveau indiquait l'intervention de
causes identiques dans la presque totalité de l'Europe.

Quelques mois après, un deuxième mémoire (1) signalait,
dans le Midi, au-dessus de l'oxfordien supérieur, la présence des étages corallien, kimméridgien et portlandien,
et au-dessus des marnes néocomiennes à *Spatangus retusus*, la présence des calcaires compactes, avec *Strombus
Sautieri* Coq., qu'il devenait important de séparer des
bancs les plus élevés des calcaires portlandiens. La série
se trouvait donc aussi complète qu'en Suisse. Le prolongement du valengien était constaté jusque sous les méridiens de Nice et de Marseille.

Ces rapports généraux et ces ressemblances une fois
reconnus, il restait encore à discuter le mérite des divers
étages admis par les géologues, et à cet égard, la formation crétacée, malgré les nombreuses subdivisions que
nos études dans le sud-ouest de la France (2) nous avaient
porté à introduire dans les groupes moyen et supérieur,
nous avait paru susceptible de nouvelles réformes, dont
une surtout a eu pour objet de déterminer plus nettement, dans la série néocomienne, la portion des bancs si
riches en céphalopodes à tours déroulés, et qui ont rendu
si célèbres les gisements de Barrême et d'Angles, dans les
Basses-Alpes. Ces bancs, proclamés par A. d'Orbigny
comme étant l'équivalant des calcaires à *Chama ammonia*,
et regardés par d'autres savants comme une dépendance
des marnes néocomiennes proprement dites, ont été reconnus par nous comme intermédiaires entre ces deux
horizons, et ont été érigés en étage distinct sous le nom
d'étage *barrémien* (3).

(1) H. Coquand. *Du terrain jurassique de la Provence, et surtout des étages
supérieurs de ce terrain. — Bull. Soc. géol.*, t. xx.

(2) H. Coquand. *Description géologique de la Charente*, t. i.

(3) H. Coquand. *Sur la convenance d'établir dans le groupe inférieur de la
formation crétacée un nouvel étage entre le néocomien proprement dit et le*

D'un autre côté, si les grès dits d'Uchaux, qui, dans le département de Vaucluse, et surtout dans ceux des Bouches-du-Rhône et du Var, tiennent, dans le groupe crétacé moyen, une place remarquable, autant par la faune spéciale qu'ils contiennent que par leur puissance, si ces grès avaient leur rang indiqué dans la série, ils n'étaient point encore dotés d'une autonomie propre, et ils étaient généralement confondus, ou avec les bancs à *Radiolites cornu-pastoris* qui les supportent, ou avec les couches à *Hippurites cornu-vaccinum* qui les recouvrent. Il y avait donc lieu à discuter sérieusement la question d'attribution, et nos recherches, soit et Provence, soit en Algérie, en nous démontrant leur complète indépendance par rapport aux étages angoumien et provencien, nous engageaient à les élever à la dignité d'étage. Le nom de *mornasien* (1), par lequel nous les avons désignés, rappelait la commune de Mornas, dans le département de Vaucluse, contiguë à celle d'Uchaux, d'où ont été extraits les nombreux fossiles dont se sont enrichis la plupart des collections géologiques.

Ces diverses publications, fruit de trois années de recherches dans les montagnes littorales de la Provence, montrent avec évidence que les connaissances que l'on possède sur la formation crétacée sont bien moins avancées que celles qui se rattachent à l'histoire de la formation jurassique, et que sa division en étages est loin d'avoir acquis cette précision que l'on remarque pour les assises oolithiques. Toutefois, il est facile de s'expliquer cette différence, quand on réfléchit que la craie du midi de la France s'écarte notablement dans sa constitution de celle du nord et de l'Angleterre ; car c'est en vain qu'on réclamerait à ces dernières régions ces magnifiques horizons de Rudistes qui font du groupe moyen et du groupe supérieur des types exceptionnels et incomparables, dont l'Europe méridionale et l'Afrique semblent s'être réservé

néocomien supérieur. — *Bull. Soc. géol.*, t. XIX, et *Mém. de la Soc. d'Emulation de la Provence*, t. I.

(1) H. Coquand. *Sur la convenance d'établir un nouvel étage dans le groupe de la craie moyenne entre les étages angoumien et provencien.* — *Bull. Soc. géol.*, t. XXII, et *Mém. Soc. d'Emul. de la Provence*, t. I.

le monopole. On conçoit dès lors que la géologie, qui a pris pour ainsi dire naissance dans la Grande-Bretagne et dans les environs de Paris, se soit ressentie de l'absence ou de l'insuffisance des matériaux à l'époque où se produisait la classification des terrains, et qu'elle n'ait pu introduire dans la construction de l'édifice crétacé les divisions et les subdivisions qui ont fait du terrain jurassique de l'Angleterre un des terrains les mieux étudiés et le terme obligé de comparaison pour les couches du même âge dans le monde entier.

J'ai réfléchi cependant que, s'il y avait quelque utilité d'avoir comblé plusieurs lacunes, ma tâche n'était pas complètement remplie, et qu'il y aurait peut-être quelque intérêt à montrer, dans un travail d'ensemble, les rapports de dépendance réciproque dans lesquels se trouvaient les diverses unités composant la grande période secondaire dans le Midi, et je me suis décidé à choisir un point autour duquel semblent s'être groupés les éléments variés dont est formée cette longue période. Ce point est la chaîne de la Sainte-Beaume.

Cette chaîne, remarquable à tant de titres, avait depuis longtemps éveillé mon attention, tant par la variété des terrains qu'on y observe que par les nombreux accidents orographiques, dus à un système très-compliqué de failles qui la dépècent, ainsi que les districts contigus, dans tous les sens, et en ont fait une des contrées les plus intéressantes et en même temps les plus difficiles à étudier. Nous aurons, en effet, à démontrer plus tard que toutes les couches s'y trouvent renversées, et disposées, les unes par rapport aux autres, dans l'ordre inverse de leur ancienneté relative, et reproduisant les phénomènes du même genre qui ont été signalés dans la montagne des Voirons, près de Genève, de telle sorte que l'on voit l'aptien à *Ammonites fissicostatus*, qui est l'étage le plus jeune de la chaîne, tenir la place du plus ancien, qui est le corallien, supporter l'urgonien à *Chama ammonia*, comme celui-ci supporte à son tour le néocomien à *Ostrea Couloni*, et ainsi de suite pour tous les autres étages de la série crétacée et jurassique, jusques et y compris le corallien.

Aujourd'hui que, grâce aux efforts persévérants et énergiques de M. Chauwin, concessionnaire des mines de lignites du Plan-d'Aups, et aux sacrifices qu'il s'est imposés pendant un grand nombre d'années, la reprise des travaux sur une grande échelle est à la veille d'imprimer un puissant mouvement industriel à ces régions désertes et inconnues des géologues, j'ai pensé que le moment était opportun pour attirer l'attention sur une des montagnes les plus élevées de la Basse-Provence, et qui se recommande aux savants et aux touristes autant par la spécialité de ses fossiles que par la majesté de ses sites et les souvenirs légendaires qui sont attachés à son histoire. Ce serait, en effet, dans une grotte ouverte à mi-rocher, dans un grand escarpement taillé à pic, que, d'après la tradition, Marie-Madeleine aurait pleuré, pendant trente-trois ans, les égarements d'une jeunesse frivole. Chaque année, ce lieu, consacré par une vie d'expiation, appelle, à la Sainte-Beaume, une affluence de pélerins qui y accourent de tous les points de la Provence.

Cet intérêt, déjà attrayant par le merveilleux qui s'attache au célèbre ermitage, se trouve accru par les graves questions que soulèvent les idées récemment émises par M. Matheron (1) sur l'âge des dépôts fluvio-lacustres tertiaires de la Provence et du Languedoc, et dont les conclusions tendent à faire admettre que les grands dépôts de combustible, exploités dans les vallées de l'Arc et de l'Huveaune, entre Aix et Marseille (que, par une singulière distraction, on s'obstine à placer dans l'étage tertiaire moyen), seraient placés, au contraire, au-dessous du calcaire de Rilly, et constitueraient, par conséquent, un système inférieur aux terrains tertiaires les plus inférieurs des environs de Paris.

Or, nous trouvons, au pied même des escarpements verticaux de la chaîne de la Sainte-Beaume, un bassin lignitifère d'une puissance considérable, reposant direc-

---

(1) MATHERON. *Recherches comparatives sur les dépôts fluvio-lacustres tertiaires des environs de Montpellier, de l'Aude et de la Provence.* — *Mémoires de la Soc. d'Emulation de la Provence*, t. 1.

tement sur les bancs les plus élevés de l'étage provencien (calcaire à Hippurites), appartenant incontestablement à l'étage santonien (base de la craie blanche) et servant lui-même de base aux vastes dépôts charbonneux exploités dans les communes de Fuveau, de Peynier, de Trets, de Gréasque, de Gardanne, etc. ; particularité digne d'être doublement remarquée, puisque ce bassin augmente d'une quantité notable l'épaisseur déjà si considérable des lignites réputés à tort miocènes, auxquels il se lie d'une manière intime et qu'il est lui-même une dépendance de la craie supérieure.

Mon but est de décrire, dans ce mémoire, les diverses formations géologiques qui, au-dessus du grès bigarré, se développent dans une portion de la Provence littorale, et notamment autour du massif de la Sainte-Beaume, en indiquant les relations de ces formations entre elles à l'aide d'arguments tirés à la fois de la superposition et de la répartition des animaux fossiles au sein des couches. Nous verrons que l'étude de ces derniers nous sera d'un secours précieux, car les montagnes calcaires de la Basse-Provence sont disloqués par un nombre si considérable de failles, qu'il est indispensable de consacrer un temps très-long aux courses, pour pouvoir les surprendre en place, les poursuivre dans leur parcours, et faire la part qui revient à chaque formation et à chaque étage dans une contrée envahie presque entièrement par des calcaires d'âge différent, mais d'aspect et de composition identiques, et dans lesquels l'absence ou la rareté de corps organisés empêche de lire à première vue la date de leur dépôt et souvent leur ordre de superposition.

Si on ajoute à toutes ces difficultés inhérentes à la géologie toutes celles qui tiennent à d'autres circonstances, mais avec lesquelles le géologue est obligé de compter, et qui consistent à traverser des pays totalement déserts, sans eau et sans chemins, on comprendra combien doivent être peu nombreux ou imparfaits les documents qui se réfèrent à l'histoire des parties véritablement montagneuses de la Basse-Provence. C'est ainsi que, malgré la carte géologique du département du Var, dressée par M. de Villeneuve (1856), et les travaux plus modernes de M. Jaubert, les environs de Toulon sont à peine connus.

En portant un coup d'œil général sur les Alpes et sur les contrées qui les avoisinent (1), on peut reconnaître que les crêtes de la Sainte-Beaume, de Sainte-Victoire, du Léberon, du Ventoux et de la montagne du Poët, dans le midi de la France; la crête principale des Alpes, qui court du Valais vers l'Autriche, la crête calcaire qui borde au nord le Valais, la crête moins haute et moins étendue qui comprend, en Suisse, le mont Pilat et les deux Myten, sont différents chaînons de montagnes qui, malgré leur irrégularité, sont comparables entre eux, à cause de leur parallélisme et des rapports analogues qu'ils présentent avec les accidents appartenant au *système des Alpes occidentales*. Le parallélisme, l'analogie de ces rapports présentent à eux seuls de fortes raisons de croire que toutes ces chaînes de montagnes ont pris naissance en même temps, et ne sont que différentes parties d'un même tout, d'un système de fracture unique, opéré en un moment. A la suite de ce mouvement général, le sol d'une partie de la France a contracté une double pente ascendante : d'une part, de Dijon et de Bourges vers le Forez et l'Auvergne, et de l'autre, des bords de la Méditerranée vers les mêmes contrées. Ces deux pentes opposées donnent lieu, par leur rencontre, à une espèce de ligne de faîte qui est située précisément dans le prolongement de la ligne de soulèvement de la chaîne principale des Alpes.

Ce mouvement, qui a accidenté plus largement qu'aucun autre la Provence, ainsi que la majeure partie du rivage de la Méditerranée, a suivi à peu près la direction E. 16° N., et il a éclaté après le dépôt des terrains tertiaires les plus récents, et avant le transport des alluvions anciennes. Nous aurons à nous occuper, outre les accidents généraux, des accidents secondaires, qui, dans les massifs montagneux de la Sainte-Beaume, ont fait cortége à cette révolution, que l'on peut considérer comme une des plus grandes à laquelle le globe terrestre doit son relief actuel.

La chaîne de la Sainte-Beaume forme la limite orientale du département des Bouches-du-Rhône, et atteint, à la

(1) E. DE BEAUMONT. *Système des Montagnes*, p. 564.

pointe dite des Béguines, à l'est du couvent, la hauteur
de 1100 mètres au-dessus du niveau de la mer. Bien qu'il
soit assez difficile d'en circonscrire exactement les contours, puisqu'elle s'anastomose avec diverses diramations qui se dirigent vers la ville de Toulon, ainsi qu'à
d'autres diramations qui sillonnent de rides parallèles les
bords frangés de la Méditerranée, depuis la Ciotat jusqu'à Marseille, cependant en l'envisageant au point de
vue spécial de notre travail, on peut reconnaître qu'elle
est bornée au Nord par la rivière de l'Huveaune et la route
de Saint-Zacharie, jusqu'au-delà de Nans ; à l'Est, par le
col qui conduit des glacières de Fontfroide à Signes ; au
Midi, par la route qui met en communication Signes et
Cuges par Riboux, et au Sud, par la route de Sisteron à
Toulon, depuis son embranchement avec la route de
Toulon à Marseille.

Cette délimitation, outre qu'elle a l'avantage de cons-
tituer un massif nettement défini, possède aussi l'avantage d'englober à peu près tous les termes du terrain secondaire que l'on observe dans les montagnes calcaires
du littoral, et dont la position, soit dans le département
du Var, soit dans celui des Bouches-du-Rhône, a été
l'objet de dissidences profondes de la part des auteurs qui
en ont traité.

Nous aurons donc à parler des étages suivants, dont
nous avons constaté l'existence dans la chaîne qui nous
occupe ou dans son voisinage, en ayant soin d'en indiquer successivement les caractères extérieurs, ainsi que
les accidents orographiques.

FORMATION TRIASIQUE. — 1° Grès bigarré. — 2° Mus-
    chelkalk. — 3° Marnes irisées ou keuper.
FORMATION JURASSIQUE. — *Lias.* — 1° Infra-lias. — 2° Lias
    inférieur. — 3° Lias moyen. — 4° Lias su-
    périeur.
    Oolithe inférieure. — 1° Oolithe ferrugineuse.
    — 2° Grande oolithe et cornbrash.
    Oolithe moyenne. — 1° Kellovien. — 2° Oxfor-
    dien. — 3° Corallien.
    Oolithe supérieure. — 1° Kimméridgien. —
    2° Portlandien.

Formation crétacée. — *Groupe inférieur.* — 1° Valengien. — 2° Néocomien. — 3° Barrémien. —
4° Urgovien. — 5° Aptien.
Groupe moyen. — 1° Gault. — 2° Rothoma-
gien. — 3° Carentonien. — 4° Angoumien.
— 5° Mornasien. — 6° Provencien.
Groupe supérieur. — Santonien

Formation tertiaire.

Avant de nous livrer à la description de ces divers
étages, nous croyons utile de donner quelques notions
sur l'orographie et d'indiquer les dénivellations les plus
importantes que les failles ont provoquées dans les
masses, et auxquelles est dû le relief si fortement accidenté de la contrée que nous avons choisie. L'œil a besoin
de se familiariser avec la physionomie spéciale des montagnes de la Provence, autant pour bien saisir les traits
de leur sauvage beauté que pour bien comprendre les
caractères géologiques dont chaque assise porte l'empreinte ineffaçable.

Vue des hauteurs du Beausset, c'est-à-dire par ses
flancs méridionaux, la chaîne de la Sainte-Beaume se détache à l'horizon sous forme d'une montagne escarpée,
à crêtes d'altitude à peu près égale, complétement nue,
et dont la teinte grisâtre contraste vivement avec la couleur azurée du ciel, sur le fond duquel elle se découpe
d'une manière crue. A partir du Baou de Bretagne, par
lequel elle se termine, à l'ouest, par une abrupte qui domine, comme un promontoire majestueux, la charmante
et agreste vallée de Saint-Pons, elle se profile, sous forme
d'une muraille gigantesque, jusqu'aux glacières de Fontfroide, où elle éprouve un abaissement considérable, et
se laisse recouvrir par les calcaires à Hippurites, à l'origine du val de Bloucarès. Au sud du col par lequel on
descend à Signes, elle se réfracte vers le sud pour consti-
tuer les chaînes de Lubas, de la Louve et de la Maron,
mais en perdant la régularité magistrale qu'elle avait
conservée jusqu'aux glacières. Le Baou de Bretagne, le
Saint-Pilon et la pointe des Béguines, dont est couronné
le mont Saint-Cassien, sont les trois points saillants qui
attirent plus vivement le regard et rompent l'uniformité

monotone de la silhouette que l'on voit se dessiner à l'horizon.

Le Baou de Bretagne est élevé de 1,066 mètres au-dessus du niveau de la mer, le Saint-Pilon de 999 et la pointe des Béguines de 1,100 mètres. Comme la plaine qui s'étend à ses pieds, et qui est connue sous le nom de Plan-d'Aups, atteint une altitude de 725 mètres, il résulte que les escarpements verticaux de la Sainte-Beaume le dominent dans presque toute la longueur, d'une hauteur moyenne de 300 mètres environ.

Les pentes méridionales qui conduisent aux sommités sont tellement roides, et les sommités elles-mêmes se trouvent défendues par des abruptes et des précipices tellement profonds, que la chaîne de la Sainte-Beaume est pour ainsi dire inabordable de tous côtés, et qu'on ne peut guère la franchir qu'en suivant un ou deux sentiers pierreux tracés sur les flancs des monts par les communes limitrophes pour le passage des pèlerins, ou bien, quand on veut en tenter l'ascension en géologue, en dehors de ces points battus, c'est par voie d'escalade et à travers des difficultés de toute sorte qu'il faut conquérir chaque rocher dont l'abordage est jugé possible.

Ces difficultés se présentent plus insurmontables encore sur le revers septentrional de la chaîne; car, depuis le Baou de Bretagne jusqu'aux glacières de Font-froide, où nous connaissons déjà la muraille verticale de 300 mètres de jet, il n'est guère vulnérable que par un seul point, par le chemin qui conduit à l'ermitage, à travers la forêt, et par le sentier entaillé en corniche qui, de la grotte, aboutit au Saint-Pilon, et établit de cette manière la communication entre les deux versants. Le géologue peut bien s'aider aussi de quelques sentiers de chèvres pour se frayer d'autres passages, mais il serait imprudent de les recommander à ceux qui marcheraient sans guides, et encore plus difficile d'en fixer le tracé. Je n'oserais faire exception que pour le pas qui s'ouvre dans la gorge étroite du Beton, au milieu des marnes aptiennes, un peu à l'ouest de la ferme de Giniez, longe les escarpements verticaux formés par les calcaires à *Chama ammonia*, et permet d'atteindre les crêtes par un ou deux points. Il n'y a, au surplus, qu'à jeter les yeux sur les coupes, qui trouveront leur place dans le corps de ce travail, pour se rendre compte, quoique très-imparfaiment, des obstacles produits à la suite de violents mouvements du sol.

Dans la commune du Plan-d'Aups, le pays, quoique fort montagneux, consiste surtout en un petit plateau sans écoulement, qui est accessible aux charrettes par plusieurs côtés. On peut y arriver soit par la commune de Saint-Zacharie, soit par celle de Nans, soit par celle d'Auriol, mais non sans se heurter contre de grandes difficultés de terrain, puisqu'il s'agit de franchir plusieurs ressauts brusques, étagés en gradins les uns au-dessus des autres. Les charrettes peuvent y pénétrer aussi, à la rigueur, par les cols du Baou de Bretagne et le col des glacières, mais elles sont forcées de longer la base septentrionale de la chaîne, sans qu'elles puissent la franchir dans un sens perpendiculaire à sa direction. En un mot, elles suivent, comme les piétons, le pied de la grande faille, à laquelle sont dus les escarpements verticaux qui barrent le Plan-d'Aups de l'est à l'ouest, et le séparent magistralement des communes de Cuges, de Riboux et de Signes, bâties à l'ourlet méridional et extérieur de la chaîne.

Le géologue, placé sur les observatoires culminants du Saint-Pilon et de Saint-Cassien, embrasse du regard le panorama le plus étendu et le plus varié qu'on puisse imaginer. La Méditerranée apparaît dans le fond du tableau, avec ses côtes capricieusement frangées ; dans la direction opposée, on voit se dresser les Alpes, avec leurs sommités chargées de neiges, et dans l'intervalle, une série de rides montagneuses, toutes alignées parallèlement les unes aux autres, et coupées de distance en distance, comme la Sainte-Victoire, par exemple, par des escarpements d'aspect sauvage, superbement assis au-dessus des plaines, et dont les têtes chauves et grises contrastent vivement avec la chaleur des tons qui animent l'ensemble du paysage. Si, après avoir contemplé ce ravissant spectacle, l'observateur, limitant son champ de vision, se borne à analyser les traits de la physionomie de la Sainte-Beaume, cette montagne s'offre à ses yeux sous deux aspects différents.

Le versant méridional, beaucoup plus uni, ne présente que des pentes ménagées, quoique très-raides, et dont la régularité n'est troublée par aucun soubresaut violent. Seulement, il n'apparaît à la surface d'autres roches que des calcaires de couleur grisâtre ou blanchâtre, sur la nature desquelles nous aurons à renseigner le lecteur. Le versant septentrional, au contraire, jusqu'au-delà de Saint-Zacharie, se montre hérissé d'abruptes qui, à partir de la Sainte-Beaume, se succèdent à niveaux décroissants, et composent, pour ainsi dire, autant de chaînons séparés, dans lesquels on lit très-distinctement, même de loin, la succession alternative d'étages marneux et d'étages calcaires.

Ces différences d'aspect et de composition indiquent déjà que la constitution de la montagne n'obéit pas aux lois d'un arrangement symétrique de chaque côté des crêtes culminantes, et que le classement d'un de ces versants n'entraîne pas nécessairement celui du versant opposé. C'est ce que confirme, en effet, l'étude particulière des terrains. Les déchirures des flancs qui regardent au nord sont expliquées par l'existence de plusieurs grandes failles parallèles qui en ont labouré et bosselé la surface, tandis que les flancs qui inclinent vers la Méditerranée ne portent l'empreinte que d'une grande dislocation, qui a fait butter le terrain triasique contre les étages jurassiques supérieurs, ainsi qu'on peut le constater entre le puits d'Arnaud et le village de Riboux, ainsi que dans la gorge profonde du Douceran, à l'est de la petite ville de Cuges.

Nous devons nous borner à ces indications générales, qui trouveront leur développement légitime à mesure que nous avancerons dans la partie purement descriptive de notre travail, et nous allons nous occuper en ce moment de la partie géologique proprement dite, en indiquant la position relative à chaque étage et les moyens de le reconnaître dans le massif montagneux dont nous entreprenons la monographie.

CHAPITRE Ier

FORMATION TRIASIQUE

La formation la plus ancienne, après le terrain houiller, dont on observe les affleurements, est une dépendance de la formation triasique. Sa distribution et ses caractères généraux ont été depuis longtemps tracés par M. E. de Beaumont (1), dans son grand travail de la carte géologique de France.

Les bandes étroites du trias qui se détachent de la ceinture dont sont complètement entourées les montagnes primitives et littorales du Var et qui pénètrent par Rougiers, dans la vallée de l'Huveaune, jusqu'aux portes de Marseille, d'un côté, et jusque près de Saint-Nazaire, de l'autre, ont été reconnus par le savant que nous venons de citer, et on comprend de suite que la présence du trias dans le massif même de la Sainte-Beaume ne constitue plus qu'un fait très-normal, et qu'on pouvait, pour ainsi dire, annoncer *à priori*.

Sans nous engager ici dans des détails étendus, relatifs à la composition pétrologique des trois termes dont est formé le terrain triasique, nous nous contenterons de dire que le grès bigarré, en dehors de la large bande qu'il occupe dans la zone littorale, se trahit par des affleurements insignifiants autour de la butte basaltique de Rougiers, et que ce sont les assises du muschelkalk et des

(1) E. DE BEAUMONT. *Explication de la carte géologique de la France*, t. I.

marnes irisées, surtout ces dernières, qui se montrent
développées sur une plus grande échelle vers les limites
des départements du Var et des Bouches-du-Rhône.

Toutefois, nous ne pouvons nous dispenser de discuter
le mérite des opinions qui ont été récemment émises sur
les masses de grès qui s'interposent entre le terrain
houiller et le muschelkalk, et qui conduisent à faire admettre l'existence de la formation permienne entre Can-
nes et Toulon. Comme cette question a son importance,
puisqu'elle tend à ajouter un trait de ressemblance de
plus entre le massif des Vosges et celui de l'Esterel, qui
semblent avoir été calqués l'un sur l'autre, il ne sera pas
inutile de rappeler que, dès l'année 1842 (1), j'avais déjà
établi la séparation du grès bigarré en deux étages, dont
l'inférieur était antérieur à l'émission des porphyres rouges, et dont le supérieur reposait, au contraire, au-dessus de ce même porphyre. A cette époque, les études sur
la formation permienne, surtout en France, étant peu
avancées, l'idée ne pouvait me venir de reconnaître à la
base des grès un des représentants du zechstein.

Voici comment nous avions établi cette séparation :

« La chaîne de l'Estérel, considérée géologiquement,
finit là où s'arrêtent aussi les porphyres, au-dessus d'Esclans, dans la vallée d'Endelos. La rivière d'Indre, qui
descend des montagnes adossées à la chaîne du Rouit,
entame, au-delà du Petit-Esclans, le massif porphyrique,
dont une portion se trouve ainsi séparée de la masse
principale et s'étend dans le vallon de Pennafort. Au confluent de ces deux torrents, on est obligé, pour gagner la
chapelle de Notre-Dame, de s'engager dans le défilé d'une
gorge profonde, obstruée par des blocs volumineux tom-
bés des précipices formés de chaque côté par des murailles porphyriques, qui, coupées à pic et dentelées de la
manière la plus sauvage et la plus pittoresque, s'élèvent
à la hauteur de plusieurs centaines de mètres. L'œil suit
avec admiration les contours de ce paysage, où le ciel
n'apparaît qu'à travers les profondes découpures de ro-

(1) H. COQUAND. *Description des terrains primaires et ignés du département
du Var.* — *Mém. de la Soc. géol. de France*, 2ᵉ série, t. III.

ches noirâtres. Quelques pins se sont accrochés aux anfractuosités, et leur physionomie sauvage ajoute encore aux effets d'un tableau dont les détails vous saisissent d'autant plus vivement que rien, dans les alentours, ne vous prépare à un spectacle si majestueux.

« Les murailles qui encaissent le torrent de Pennafort sont traversées par des rainures profondes, toutes parallèles entre elles, qui les divisent en longs prismes irréguliers, dont la disposition rappelle les colonnes basaltiques. Il arrive souvent que des fissures perpendiculaires à la direction de ces prismes débitent la masse en plusieurs assises superposées, qui, lorsqu'une portion a été détruite, présentent, en retrait jusqu'au sommet de la montagne, une succession de grandes terrasses, disposées en gradins et composées chacune d'un système particulier de prismes.

« Quand on a laissé à sa droite le torrent d'Endelos, pour suivre celui de Pennafort, on marche d'abord sur un grès houiller, redressé verticalement, alternant avec une argile très-micacée et graphiteuse, et avec des poudingues dans la composition desquels on reconnaît le quartz, le gneiss et le micaschiste des montagnes voisines.

Fig. 1.

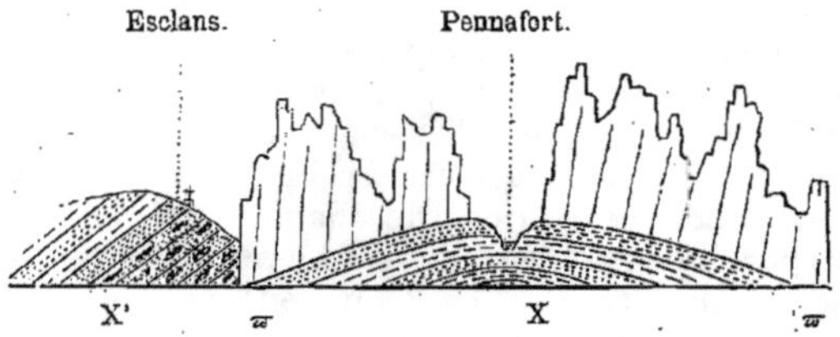

ϖ Orthophyre (porphyre rouge). — X Argiles (terrain permien). — X' Conglomérats du grès bigarré.

A cent mètres de distance environ, on voit butter contre ce grès des couches d'une argile schistoïde rouge et couleur lie-de-vin. On les suit un instant sur la berge droite du torrent, mais elles disparaissent bientôt sous des éboulis de cailloux et de porphyres et sous un gazon marécageux. Grâce cependant à un angle avancé que jettent les masses porphyriques au milieu de son lit, le torrent, rétréci et plus rapide, est forcé de pousser toutes ses eaux contre cet obstacle, et la base de l'escarpement, ainsi balayée, laisse apercevoir distinctement la succession des couches qui le composent.

« On retrouve, à la partie la plus inférieure, ces mêmes argiles bigarrées X (fig. 1) que nous avions observées au confluent d'Endelos et de Pennafort, et on les voit passer de chaque côté de la vallée au-dessous des porphyres ϖ, qui les oppriment de leurs grandes masses prismatiques. J'ai étudié très-attentivement la composition de ces argiles, qui admettent aussi quelques bancs de grès, et je me suis assuré qu'elles ne contiennent aucun fragment de porphyre, et que par conséquent elles diffèrent, quant à la nature de leurs éléments, des conglomérats et des grès X' qui, vers Esclans, recouvrent les porphyres rouges, au détriment desquels ils sont presque entièrement formés. Le porphyre sera donc venu au jour pendant la période des grès bigarrés, dont il aura recouvert les premières couches.

« La coupe intéressante de Pennafort et les phénomènes importants qu'elle me dévoilait m'ayant démontré que la partie inférieure des grès bigarrés X (permien) avait été recouverte par une éruption porphyrique, et que l'œuvre de la sédimentation, une fois interrompue, avait dû se continuer sur les flancs du porphyre, puisque les grès supérieurs X' en renferment des fragments si nombreux, je trouvai dans l'existence des conglomérats, qui reposent à la base de cette roche ignée et l'encroûtent jusqu'à une certaine hauteur, la clef des phénomènes éruptifs et l'explication de la cause qui masquait si souvent les rapports réciproques de ces deux terrains. Je compris en même temps que, pour surprendre ces relations, il était utile de choisir pour points d'étude les fentes naturelles produites par les soulèvements ou par l'action des eaux, afin de voir à nu la structure interne des masses jusqu'à une grande profondeur. Je dirigeai en conséquence mes recherches sous les pics décharnés du mont Vinaigre, là où les montagnes de l'Estérel atteignent leur maximum d'élévation, et j'eus la fortune de découvrir, dans la montagne de San-Peiré, un nouveau point absolument analogue à celui de Pennafort.

« La montagne de San-Peiré forme, à l'ouest de la Napoule, au milieu du gneiss et des grès bigarrés, un mamelon isolé de porphyre rouge, qui se rattache, par quelques points intermédiaires, à la grande crête porphyrique qui traverse l'Estérel de l'est à l'ouest. En obliquant un peu vers le nord-ouest des montagnes dentelées que l'on aperçoit au-dessus du port de Theoules, et dont le prolongement rencontre le pic de Montuby, descend un torrent, le Riou, qui se jette dans l'Argentière, non loin des plaines alluviales de la Siagne. Lorsque, après avoir laissé la route postale pour suivre le chemin de la Napoule, on a traversé le Riou, on se trouve en face d'une série de collines composées de gneiss, de porphyres, de conglomérats et de grès bigarrés. Ces derniers forment la base de la butte conique de San-Peiré et s'avancent sur un massif de gneiss. Les conglomérats sont recouverts directement par un porphyre rouge qui, comme celui d'Esclans, est divisé en prismes irréguliers, et ils renferment de nombreux cailloux de quartz, de gneiss et de micaschistes; mais ils sont dépourvus totalement de porphyre. Ce concours de diverses circonstances contrôle la généralité du fait de superposition déjà signalé à Esclans, et confirme l'antériorité de certaines couches de grès bigarré (permien), par rapport à certains porphyres rouges.

« S'il nous est démontré que certaines couches de grès bigarré (permien), comme à San-Peiré et à Esclans, sont antérieures au porphyre rouge, il n'est pas moins positif que les autres couches qui constituent la masse la plus considérable de cet étage lui sont postérieures. En effet, dans les deux localités précitées, ainsi qu'à la base des montagnes porphyriques, on observe de puissantes assises de conglomérats appartenant au grès bigarré, lesquelles recouvrent le porphyre comme d'un épais manteau. On dirait que les pics et les cîmes de l'Estérel se sont fait jour à travers leurs masses. Cependant, en examinant attentivement leurs relations et leur composition, on ne tarde pas à reconnaître, dans ces couches agglomérées, la continuation de l'étage des grès bigarrés (permien) qui, interrompus lors de la première apparition des porphyres, se déposèrent au-dessus d'eux après leur refroidissement : aussi l'on voit que ces conglomérats sont presque entièrement formés de débris roulés de porphyre rouge, dont les blocs énormes sont engagés au milieu d'une pâte grossière, composée des mêmes éléments triturés. Le volume des blocs diminue graduellement à mesure que l'on s'éloigne des escarpements porphyriques, et dans les plaines du Muy et du Luc, ainsi que dans les environs de Toulon, on reconnaît bien au milieu des grès, dans les fragments de feld-spath rose, les derniers indices du porphyre, mais non des débris tant soit peu considérables de cette roche. »

Les détails qui précèdent indiquent d'une manière suffisante que, dès l'année 1842, le permien était virtuellement reconnu dans l'Estérel, et que les couches calcaires, subordonnées aux grès inférieurs, que nous avions signalées au Prat-d'Auban, aux Caux et à Vaissière, rappelaient, quoique d'une manière rudimentaire, les calcaires du zechstein, comme les troncs de végétaux silicifiés observés dans les conglomérats des environs de Roquebrune, et qui rappellent les troncs analogues découverts au Champ-de-la-Justice, près d'Autun, et dans le val d'Ajol, établissent un lien de parenté de plus entre les grès permiens du Var et les grès permiens des Vosges, de Saône-et-Loire, de l'Aveyron et de l'Hérault. C'est aussi l'opinion qu'a adoptée récemment M. de Villeneuve (1). Cet ingénieur cite même, dans les environs d'Hyères, une *Walchia* analogue à celle qu'on trouve dans les ardoisières de Lodève. Nous sommes convaincu que des recherches entreprises, au point de vue paléontologique, dans les grès inférieurs aux conglomérats porphyriques amèneront la découverte de plantes, d'où surgira une flore franchement permienne.

(1) H. DE VILLENEUVE. *Description minéralogique et géologique du Var*, p. 81.

Ainsi donc, pour nous, la formation permienne dans le Var est nettement séparée de la formation triasique par l'apparition des porphyres rouges quartzifères, ainsi que cela est démontré par les coupes de Pennafort et de San-Peyré. Les conglomérats à éléments porphyriques constituent la base des grès bigarrés, et les lambeaux qui se trahissent autour de la Sainte-Beaume, comme à Rougiers, au Beausset et entre Saint-Nazaire et Bandol, en sont les assises les plus élevées. Ils consistent en des grès quartzo-argileux de teinte rouge ou rosée, alternant avec des bancs de poudingues et d'argiles de couleur variée. Dans les environs du Bausset, on a recueilli plusieurs exemplaires des *Voltzia brevifolia* Brong.

Le muschelkalk, deuxième terme de la formation triasique, se laisse reconnaître, au premier aspect, par la couleur noirâtre ou fuligineuse de ses bancs calcaires, que l'on voit alterner avec des lits d'argiles grisâtres ou verdâtres, et souvent, à sa partie supérieure surtout, avec des dolomies grenues ou des cargneules jaunâtres à grosses crevasses. Dans les environs du Beausset et de Rougiers, on peut recueillir les *Terebratula vulgaris, Gervilia socialis, Lima striata, Avicula lœvigata, Encrinites liliiformis*, etc.

A Saint-Zacharie, dans le cirque complanté de vignes et d'oliviers, et qu'abrite la chaîne boisée de la Lare, dont le point culminant atteint l'altitude de 747 mètres, le muschelkalk disparaît, pour ainsi dire, sous les cultures, et ce n'est guère que dans les murs de cloture qu'on peut en observer les nombreux fragments arrachés au sous-sol. Il est facile de les reconnaître à leur teinte particulière et aux flammèches plus foncées qui en mouchetent le fond. Cependant, il apparaît sous le château de Montvert, ainsi que dans les coteaux complantés de pins qui bordent la route impériale, forme, depuis Auriol jusqu'au-delà de Roquevaire, une bande parallèle à l'Huveaune, qu'elle franchit en face du pont de l'Etoile, et de là se dirige en droite ligne jusqu'aux portes de Marseille, en passant au pied de la chaîne néocomienne de Garlaban et d'Allauch, contre laquelle le muschelkalk vient butter par faille. Dans ce long trajet, il est souvent surmonté par des cargneules et des argiles gypsifères appartenant à l'étage des marnes irisées.

Dans les environs de Saint-Jullien, banlieue de Marseille, ainsi que dans la commune voisine d'Allauch, il existe de nombreuses exploitations de pierre à plâtre. Ces plâtrières sont ouvertes dans les marnes irisées où abondent les cargneules; mais ce qui est encore intéressant à constater, c'est que le keuper repose directement et en concordance de stratification sur le muschelkalk, qui consiste en un calcaire noirâtre, et qu'escortent des dolomies et des cargneules. Le muscehlkalk se présente en couches épaisses et bien réglées, et affleure dans la traverse qui longe la propriété Mouren et qui aboutit au chemin des fours à chaux.

Mais le point où l'on peut en observer le plus beau développement, c'est en suivant le sentier qui, des fours à chaux, aboutit au chemin de grande communication des Olives. Quand on a franchi le ruisseau de Fondacle, en face même d'un réservoir qu'on rencontre à sa gauche, on a devant soi un coteau qui est entièrement composé de muschelkalk, dont les couches penchent au nord, tandis qu'elles plongent au sud, vers Saint-Jullien. Il est facile de s'assurer que cette inclinaison avec double pendage est due à un bombement de couches, dont l'axe est celui même du vallon de Fondacle, et qui fait que les marnes irisées se trouvent rejetées à droite et à gauche, et constituent de chaque côté de l'arête culminante formée par le muschelkalk deux bandes parallèles, dont l'une, la plus méridionale, renferme les plâtrières de Saint-Jullien et des Caillols, et la seconde, celle des Olives et d'Allauch. Ainsi, le second terme de la formation triasique, que l'on croyait spécial au département du Var, envahit, comme on le voit, celui des Bouches-du-Rhône, et vient expirer sous les molasses miocènes, à deux kilomètres de Marseille.

Je n'ai eu l'occasion d'observer le muschelkalk que sur un seul point des flancs méridionaux de la Sainte-Beaume. Une faille, dirigée parallèlement aux crêtes de la chaîne, a fait butter, entre Cuges et Riboux, la formation triasique contre les calcaires coralliens. On peut étudier une très-belle coupe de cette dénivellation à l'est de Cuges, en remontant le vallon profondément encaissé du Douceran, et qui se continue sous le Puits-d'Arnaud et dans les environs de Riboux. Là encore le muschelkalk se trahit à la surface par la teinte caractéristique de son calcaire, et surtout par les grandes masses de cargneules jaunâtres au milieu desquelles celui-ci se trouve pour ainsi dire noyé. Ces cargneules se lient à celles de keuper, et ces dernières, à leur tour, étant sur ce point dépourvues de gypse, pourraient être confondues avec les dolomies infra-liasiques, si les bancs à *Avicula contorta* n'en établissaient la séparation radicale. Ces affleurements, à peine indiqués par une bande étroite, se rattachent souterrainement avec les grandes masses du même âge qui se développent dans la vallée contiguë de Gapeau.

Si le muschelkalk se trahit à peine dans le fond des vallons ou sur le bord de la lèvre des failles, il n'en est point ainsi pour les marnes du keuper qui occupent, dans le massif montagneux de la Sainte-Beaume et dans l'ancienne Provence, une place fort importante, bien que le plus grand nombre des auteurs qui ont écrit sur le midi de la France aient méconnu son existence et en aient fait une dépendance du muschelkalk. Nous citerons surtout MM. E. de Beaumont et Jaubert.

Le savant auteur de la *Carte géologique de France* s'exprime en ces termes (1) :

« Sur les trois membres dont se compose le système du trias, deux seulement, le grès bigarré et le muschelkalk, se présentent avec évidence dans le département du Var. On a cru cependant reconnaître aussi les marnes irisées ; on a désigné sous ce nom des *marnes bariolées* de rouge et de gris-bleuâtre qui accompagnent les gypses intercalés dans le muschelkalk : ce rapprochement nous paraît hasardé. Il est fondé sur l'identité de couleur des marnes dont il s'agit et des marnes irisées ; mais nous avons dit précédemment que ces couleurs sont généralement celles de toutes les marnes associées aux gypses épigènes, et nous pensons que les gypses enclavés dans le muschelkalk

(1) E. DE BEAUMONT. *Explication de la Carte géologique de France*, t. II, p. 152.

du Var, comme ceux enclavés dans les calcaires jurassiques des régions alpines, sont le résultat d'une épigénie. L'existence du sel gemme ne serait pas une objection contre cette conclusion. »

M. Jaubert (1) a publié, en 1859, sur la constitution géologique des terrains du littoral entre Saint-Nazaire et Bandol, un essai dont le premier fascicule contient la description de la formation triasique, à laquelle il attribue une puissance de 572 mètres, qu'il répartit de la manière suivante :

Grès bigarrés......	114ᵐ	
Muschelkalk.......	72	572 mètres.
Marnes supérieures.	386	

L'auteur attribue les marnes supérieures à l'étage du muschelkalk, et ne reconnaît, par conséquent, dans la portion du littoral qu'il décrit, ni l'équivalent des marnes irisées, ni l'équivalent de l'infra-lias et du lias inférieur, car il cherche à montrer que le système marneux supporte, en concordance de stratification, les calcaires du lias moyen avec *Ostrea cymbium* et *Pecten æquivalvis*. Et cependant, le système marneux de la petite baie de Portissol, près de la ville de Bandol, offrait une particularité fort intéressante qui demandait à être examinée avec attention. M. Jaubert y signalait, au-dessus des calcaires à *Ceratites nodosus :* 1° des amas de marnes dont l'épaisseur dépassait 180 mètres, empâtant des blocs énormes de cargneules ; 2° quelques bancs calcaires, entremêlés de bancs de cargneules, dans lesquels il a découvert un Pentacrinite, un Cidaris et des piquants, une grosse Pholadomie et de petites huîtres fortement costulées (*Avicula contorta*) ; 3° un amas de cargneules largement cloisonnées, passant à une sorte de tuf, qui avait près de 150 mètres d'épaisseur.

C'est au-dessus de ce système dolomitique marneux que se développe le lias moyen. La présence des pentacrinites, des pholadomies et des cidaris au milieu des domies établissait, au point de vue paléontologique, une

---

(1) JAUBERT. *Matériaux pour la géologie du département du Var.* — *Bulletin de la Société des études scientifiques de la ville de Draguignan*, t. II, p. 315.

ligne précieuse de séparation et un excellent point de repère qui permettait de reconnaître, entre le muschelkalk
et le lias moyen, l'un et l'autre fossilifères, des indices
certains de lias inférieur. La coupe qui accompagne le
mémoire de M. Jaubert autorisait cette supposition. Ce
géologue, cependant, nous le répétons, ne reconnaît,
dans les 386 mètres de marnes dolomitiques qui surmontent le muschelkalk, qu'une dépendance du second terme
de la formation triasique.

Plus tard, en 1861, M. Jaubert (1), revenant sur le même
sujet, sans déserter précisément sa première opinion,
paraît néanmoins disposé à croire qu'elle est susceptible
d'être modifiée. Il avoue qu'il ne peut trouver jusqu'à
présent des motifs pour séparer les dolomies du muschelkalk, mais qu'il ne serait pas impossible qu'on pût y voir
un représentant altéré du lias inférieur, et que cette idée,
que M. Matheron a émise déjà, lui paraît partagée par
MM. Coquand et d'Archiac. « Quoi de plus séduisant, en
effet, ajoute l'auteur, que d'arriver à recomposer dans un
coin de la terre toute la série des terrains : l'étage des
marnes irisées, prenant sa place naturelle au-dessus du
muschelkalk; puis les bancs calcaires, avec marnes inter-
calées, faisant l'équivalent du lias inférieur, recouverts
par l'étage liasien avec *Ostrea cymbium*. C'était réellement
tentant... Peut-être de nouvelles observations pourront-
elles me faire changer d'avis. Je ne demande pas mieux;
mais jusqu'à preuve contraire, je suis forcé de m'en tenir
à l'opinion et au classement que j'ai adoptés. »

On voit, en définitive, que M. Jaubert fait appuyer son
lias moyen sur le muschelkalk, sans l'intermédiaire du
lias inférieur et des marnes irisées, et qu'il adopte à cet
égard le sentiment de M. E. de Beaumont.

M. de Villeneuve, à son tour (2), cherche à établir,
en 1856, la série des roches calcaires qui se succèdent
dans le département du Var, et, bien que les divisions

---

(1) JAUBERT. *Note sur la grande oolithe de la Provence. — Bull. Soc. géol.
de France,* 2ᵉ série, t. XVIII, p. 599.

(2) H. DE VILLENEUVE. *Description minéralogique et géologique du Var,* p. 103
et suiv.

générales qu'il admet ne soient point en harmonie avec les indications paléontologiques qu'il donne, on ne peut se refuser pourtant à y trouver les trois termes de la formation triasique.

. Il divise le muschelkalk de la manière suivante :

Partie inférieure.	Calcaires marneux, rougeâtres, cloisonnés......	75 mèt.
Partie moyenne..	Calcaires compactes, blancs, en couches minces.......	150
Partie supérieure	Couches marneuses très-cloisonnées.............	75
	Total.....	300 mèt.

La dernière partie représente, suivant cet ingénieur, les marnes irisées du nord de la France, et contient du gypse vivement coloré, notamment près de Carqueiranne. L'analogie est complète, car les marnes encaissantes sont bariolées de rouge, de violet et de gris, et de plus les calcaires qui surmontent la masse gypseuse et ceux qui la terminent inférieurement, ont toutes les apparences signalées dans la *cargneule* : ils sont formés de cristaux accolés et ont le toucher rude des calcaires magnésiens argileux.

Seulement, nous ne comprenons pas sur quels arguments s'est appuyé M. de Villeneuve quand il a placé les gypses d'Auriol, de Roquevaire et de Gémenos, que l'on exploite au pied occidental de la Sainte-Beaume, dans la série du jurassique moyen. Sans parler ici de la présence de l'*Avicula contorta*, qu'on retrouve dans tous ces gisements, et dont la découverte remonte à l'année dernière, il est de la dernière évidence que, dans ces divers gisements, les gypses sont surmontés par un système fort puissant de dolomies blanchâtres appartenant à l'infralias et au lias inférieur, et que recouvrent, en parfaite concordance de stratification, les assises calcaires du lias moyen, avec *Ostrea cymbium*, *Pecten æquivalvis*, et beaucoup d'autres fossiles que l'on peut recueillir dans la montagne dite la *Barro-Santo*, que l'on recoupe entre Gémenos et Saint-Pons. Il en est de même de tous les gypses du département du Var : à Brignolles, à La Valette, à Cuers, à Fayence, au Malmont, près de Draguignan, etc. Sur tous ces points, nous le répétons, la pierre à plâtre appartient au même dépôt, et ce dépôt est incontestablement contemporain des marnes irisées.

N'oublions pas de mentionner l'opinion émise par M. Gras (1), en 1840. Ce géologue, en parlant des gypses des Basses-Alpes, et dont les environs de Digne présentent de puissants dépôts au-dessous du calcaire à gryphées arquées, les considère comme ayant été formés par l'action d'agents plutoniques qui auraient transformé, à travers toute l'épaisseur du terrain jurassique, les calcaires et les marnes en dolomies, en cargneules et argiles bariolées.

Nous établissions nous-même (2), en 1839, que le département du Var offrait de nombreux exemples des marnes irisées, surtout dans les communes de Brignoles et du Val, où l'on exploite du gypse panaché de rouge, et quelques pages plus loin, nous faisions remarquer que des sources salées sourdaient, dans les environs de Castellane, de la partie inférieure du lias, et nous admettions qu'elles provenaient de l'étage du keuper, qui, à la vérité, ne se trahissait pas au jour, mais dont la circonstance de ces sources et celle des superpositions faisaient présumer la présence immédiatement au-dessous du lias. Cette opinion, nous l'avons affirmée de nouveau dans un travail publié en 1850 (3), dans lequel nous avons reconnu que la formation triasique du Var se laissait diviser en trois étages, et les gypses de Cuers, de Barjols, de Monferrat, étaient introduits dans celui des marnes irisées.

Si des doutes pouvaient subsister encore sur l'âge véritable des gisements gypseux du midi de la France, doutes que continuait à entretenir la divergence des géologues qui ont écrit sur les gypses des Alpes, le travail que M. Hébert a publié récemment (4) est bien fait pour les dissiper

(1) S. GRAS. *Statistique minéralogique du département des Basses-Alpes*, p. 41.
(2) H. COQUAND. *Cours de géologie professé au Museum d'Aix*, p. 169.
(3) H. COQUAND. *Description des terrains primaires et ignés du département du Var.* — *Mém. de la Soc. géol. de France*, t. III, p. 394.
(4) HÉBERT. *Du terrain jurassique de la Provence, sa division en étages, son indépendance des calcaires dolomitiques associés aux gypses.* — *Bull. de la Soc. géol. de France*, t. XIX, p. 100.

et pour démontrer, à l'aide de preuves péremptoires, que la pierre à plâtre, dans les départements du Var et des Basses-Alpes, est une dépendance réelle des marnes irisées; qu'elle y occupe, en un mot, la même position que dans l'Allemagne, le Jura, la Suisse, le Dauphiné et la Savoie. Pour arriver à cette conclusion, il s'est appuyé sur la présence, au-dessus des dolomies et des marnes gypsifères, d'une assise qui contient, entre autres fossiles, l'*Avicula contorta*, espèce que l'on trouve constamment logée dans cette partie la plus inférieure du terrain jurassique désignée par quelques géologues sous le nom d'*infra-lias*. Une série de coupes relevées dans les environs de Digne ont montré, au-dessus des gypses : 1° l'infra-lias avec *Avicula contorta*, et 2° le calcaire à gryphées arquées ; circonstance doublement importante , puisqu'elle fait cesser toute hésitation, qu'elle arrache au lias le système des cargneules inférieures à l'*Avicula contorta* pour l'attribuer à celui des marnes irisées, et que, de plus, elle dévoile, comme nous chercherons à l'établir plus tard, l'existence, dans le Midi, des quatre groupes naturels du lias du Nord, et la complète indépendance de celui-ci par rapport aux gypses, avec lesquels il n'est en en contact que par sa base.

Nous connaissons trois gisements de pierre à plâtre exploités dans le massif de la Sainte-Beaume ; ils sont situés dans les communes de Roquevaire, d'Auriol et de Gémenos, appartenant au département des Bouches-du-Rhône.

Les carrières de Roquevaire sont ouvertes sur les bords de l'Huveaune, à un kilomètre au plus au sud-est de la ville. Elles ont fouillé, dans toutes les directions, un grand amas de gypse, entremêlé d'anhydrite, enclavé au milieu de marnes grises et rouges, de dolomies compactes et de cargneules jaunâtres I (fig. 2). Le gypse I*a* est recouvert par des masses puissantes de dolomie I*c* et I*e* que l'on voit former à la pointe sud de la plâtrière un mamelon montagneux couvert de pins. Un sentier tracé sur le bord des escarpements conduit à ce mamelon et à un poste à feu ruiné que l'on aperçoit un peu plus haut. On rencontre d'abord des argiles rouges I*d* appartenant à la partie supérieure du keuper, que recouvrent immédiatement de gros bancs de dolomie grise bréchiforme Ie; puis, dans

Fig. 2.

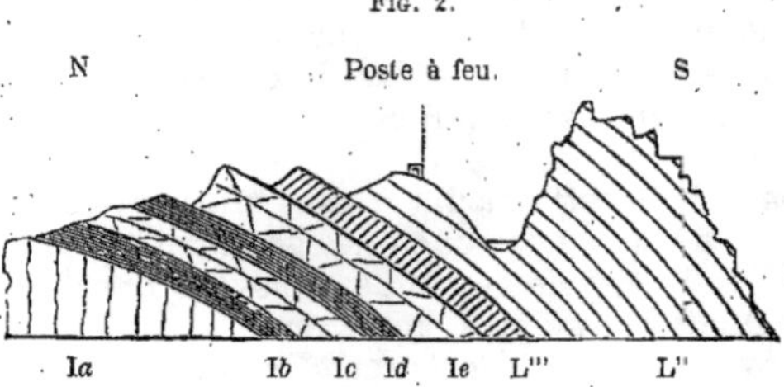

Ia Gypse. — Ib Argiles. — Ic Dolomie. — Id Marnes et argiles rouges. — Ie Dolomies keupériennes. — L''' Bone-bed et calcaire à *Avicula contorta*. — L'' Dolomie (lias inférieur.)

quelques champs cultivés, on commence à observer, dans les murs de pierres sèches qui retiennent les terres, des blocs arrachés au sol et provenant de la lumachelle à *Avicula contorta*. En se dirigeant vers la maison de campagne contiguë à ces cultures, et en ayant soin de rechercher le rocher en place, on aperçoit, engagée dans les dolomies, la lumachelle infra-liasique, qui donne au gisement de Roquevaire une signification sur laquelle il est inutile d'insister. Le bone-bed L''' est recouvert par les dolomies grisâtres L'', qui tiennent la place du lias inférieur à gryphées arquées.

Entre Roquevaire et Aubagne, et dans le prolongement des plâtrières que nous venons de décrire, suivant l'inclinaison variable des bancs, on traverse alternativement le muschelkalk ou les marnes irisées qui sont exploitées sur quelques points; mais c'est dans la direction d'Auriol que la formation triasique acquiert le plus grand développement.

Dans le quartier des gypsères appartenant à cette dernière commune, on a ouvert de vastes exploitations de pierre à plâtre au milieu d'un cirque entièrement occupé par des cargneules, des marnes bariolées et du sulfate de chaux. Le gypse y est, comme à Roquevaire, entremêlé

d'anhydrite, et il présente, depuis la variété parfaitement
blanche jusqu'au rouge vif, toutes les nuances intermédiaires. Il n'est pas rare d'y recueillir des pyrites de fer
d'un jaune d'or cristallisées en octaèdres réguliers ou bien
en octaèdres épointés. Entre Roquevaire et Auriol, le système gypseux est étouffé sous des masses très-puissantes
de cargneules et de dolomies, dont on peut juger le développement dans le chemin de traverse qui passe par le
quartier de Rouveirole. Une partie de ces roches magné-
siennes appartient au keuper et l'autre à l'infra-lias. Au
nord des gypsières, on voit les gypses s'interrompre brusquement et s'appuyer par faille contre les rochers blanchâtres du parc de M. de l'Etang, pétris de polypiers, que
leur structure saccharoïde permet de distinguer facilement, surtout dans les cassures fraîches. A ces polypiers
sont associées des *Nerinea Defrancii* et d'autres espèces
propres à l'étage corallien.

Dire que le muschelkalk et le keuper d'Auriol ne sont
que la continuation vers le nord-est de ceux qui s'étendent jusqu'au pied de la chaîne de la Lare, dans la commune de Saint-Zacharie, et vers le sud-ouest la continuation de ceux de Roquevaire et de la banlieue de Marseille, et que la direction de ces divers gisements est
orientée parallèlement à la direction de la Sainte-Beaume,
c'est-à-dire E. 16° N., et que la bande étroite qu'ils constituent est enclavée au milieu de terrains appartenant généralement aux étages jurassiques supérieurs ou bien à
la formation crétacée, c'est annoncer en même temps
que cette bande est le produit de deux failles parallèles
qui semblent avoir déterminé à leur tour la dépression
suivie par la rivière de l'Huveaune, surtout dans la partie
supérieure de son cours.

Le chemin de Saint-Zacharie à la Sainte-Beaume traverse d'abord des côteaux envahis en entier par des cargneules jaunâtres, que, dans l'intérêt de l'agriculture, on
a utilisées pour la construction de murs secs destinés à
retenir les terres. Ces cargneules sont supportées par des
marnes gypsifères, car la plupart des puits du village
sont creusés dans le gypse même. Près de l'oratoire de
Saint-Pierre, on traverse des argiles rougeâtres, surmon-

tées par des argiles grises; au-dessus, une tranchée qui coupe l'arête par laquelle est fermé le cirque cultivé de Saint-Zacharie, a entamé profondément les dolomies infra-liasiques, qui ont à leur base, comme à Roquevaire, la lumachelle à *Avicula contorta*, dont les murs de soutènement contiennent plusieurs échantillons; puis, après s'être avancé de quelques mètres vers le sud, on ne tarde pas à se heurter contre des escarpements qui se détachent de la montagne de Vrognon, et dans lesquels on reconnaît les calcaires blancs dont nous aurons à préciser l'âge, en traitant de la formation jurassique. La montagne de Vrognon est une dépendance de celle de la Lare, au pied de laquelle viennent expirer les affleurements triasiques, et on peut en considérer les crêtes comme les premières rides du massif de la chaîne de la Sainte-Beaume, qui se trouve ainsi séparée par une grande faille de la plaine arrosée par les eaux de l'Huveaune.

Pour en finir avec le keuper, il nous reste à signaler les exploitations de gypse de la commune de Gémenos, à deux kilomètres environ au-dessus de l'ancienne abbaye de Saint-Pons. Elles sont ouvertes au pied d'une grande arête montagneuse qui s'impose au regard par la bizarrerie et le grandiose pittoresque de ses découpures terminales. Les obélisques de la Roquo-Fourcado, le camp de César, la tour de Cauvin, en sont les points les plus marquants, et constituent des accidents de paysage d'un effet fort imposant, qui impriment à ces contrées sauvages un cachet d'originalité qu'il serait difficile de décrire. Ces crêtes démantelées appartiennent aux couches du cornbrash, et elles ont pour support la série complète des couches jurassiques jusqu'au lias inférieur, ainsi qu'on peut s'en assurer entre le Plan-d'Aups et la ferme de Roussargues, et au-dessus des exploitations de charbon de Vède, dans le voisinage d'Auriol.

Cette bande jurassique vient s'appuyer par faille contre les calcaires provenciens qui forment la berge gauche du vallon du Baou de Bretagne, et dont les couches sont redressées jusqu'à la verticale. C'est au milieu des couloirs naturels ouverts au milieu des bancs et que dominent de chaque côté des arêtes tranchantes que l'on a établi un

plan incliné, destiné à faire franchir aux charbons du
Plan-d'Aups le col qui établit la séparation des départements des Bouches-du-Rhône et du Var. En suivant le
tracé du rail-way, on s'engage dans un vallon étroit
qu'enserrent vers l'est les calcaires à *Chama ammonia*,
qui sont le prolongement de la chaîne de la Sainte-
Beaume, et vers le nord la chaîne jurassique de la Roque-
Fourcado. Dans le voisinage des plâtrières de Saint-Pons,
on ne tarde pas à marcher sur des dolomies blanchâtres L'' (fig. 3) terreuses ou à grains fins, qui sont une

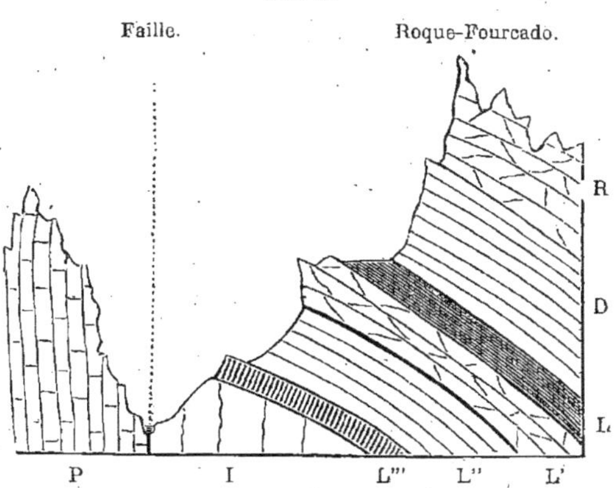

Fig. 3.

1 Gypse des marnes irisées. — L''' Infra-lias. — L'' Lias inférieur. — L' Lias moyen —
L Lias supérieur. — D Oolithe inférieure. — R Cornbrash. — P Provencien.

dépendance du lias inférieur; puis on observe la lumachelle avec *Avicula contorta* L'''; enfin, des marnes bariolées I, fouettées de rouge et de vert, entremêlées de cargneules, annonçant la présence des marnes irisées. C'est,
en effet, au milieu de ce système que sont ouvertes, sur
le bord de la route, de profondes excavations d'où l'on
retire la pierre à plâtre. Le gypse s'y présente sous la
forme de grands amas qui, à la partie supérieure, se terminent par des couches plus minces, feuilletées, alter-

nant avec des argiles rouges. Les carrières de Saint-Pons fournissent, outre le plâtre ordinaire, les qualités qui conviennent aux moulures.

Ainsi que l'indique la figure 3, les bancs du keuper et des étages jurassiques qui le surmontent sont inclinés vers l'ouest de 25 à 26 degrés, tandis que les calcaires à hippurites P, contre lesquels ils viennent se heurter, sont redressés jusqu'à la verticale. A quelque distance des chantiers d'extraction, le gypse disparaît sous les dolomies infra-liasiques que l'on voit s'abaisser graduellement dans la direction de Gémenos, et à la Barro-Santo, vers l'éperon rocheux qui limite le petit étang de Saint-Pons, on est en plein dans le lias moyen à *Pecten æquivalvis*.

CHAPITRE II

Depuis ces dernières années, les notions que l'on possédait sur l'histoire du terrain jurassique de la Basse-Provence se sont beaucoup accrues, et l'ont enrichie de documents si nombreux et si inattendus, qu'en en parlant aujourd'hui on semble décrire pour la première fois une région nouvellement découverte, et sur laquelle il n'existerait, pour ainsi dire, aucune observation écrite. Cependant, grâce à nos recherches récentes et à celles de MM. Jaubert et Hébert, dans les départements des Basses-Alpes et du Var, nous pensons que l'on peut considérer comme définitivement acquise à la science l'existence réelle des étages suivants qui se sont développés entre les marnes irisées d'un côté et la base du terrain crétacé de l'autre. d'où se déduit naturellement l'uniformité du plan général qui a présidé au dépôt, dans le midi comme dans le nord de la France, de la grande série du terrain connu sous le nom de formation jurassique.

Keuper, partie supérieure du terrain triasique.

I. Lias . . . .

A. BONE-BED et *infra-lias*, avec débris de reptiles et *Avicula contoria*. — Digne, Solliès-Toucas, Belgentier, Cuers, La Vallette, Saint-Nazaire, Roquevaire, Saint-Jean-de-Trets.

B. LIAS INFÉRIEUR à *Ostrea arcuata*. — Digne, Castellane; (*dolomitique*), Cuers, Mazaugues, massif de la Sainte-Beaume, Roquevaire, St-Jean-de-Trets.

C. LIAS MOYEN à *Pecten æquivalvis*, *Ostrea cymbium*. — Cuers, massif de la Sainte-Beaume, Brignolles, Mazaugues, Aix.

D. LIAS SUPÉRIEUR à *Ammonites radians, opalinus, complanatus, bifrons*. — Solliès-Toucas, Pas-de-Peyruis, Aix.

II. Jurassique inférieur

A. CALCAIRE MARNEUX à *Chondrites scoparius*. — Pas-de-Peyruis, Collet-Blanc (Plan-d'Aups), Auriol, Cuges.

B. OOLITHE FERRUGINEUSE avec *Belemnites sulcatus, Ammonites Humphriesianus*. — Massif de la Sainte-Beaume, Aix.

C. CALCAIRE à *Entroques*. — Au-dessus de Cuers.

D. CALCAIRE à *Ostrea acuminata*. — Au-dessus de Cuers.

E. CALCAIRE à *Ammonites discus*. — Au-dessus de Cuers, massif de la Sainte-Beaume, Aix.

F. CALCAIRE à *Terebratula flabellum* (cornbrash). — Saint-Nazaire, Cuers, massif de la Ste-Beaume.

III. **Jurassique moyen.**

A. Kellovien : calcaire à *Ammonites tumidus, Bakeriæ* et *anceps.*—Septèmes, Rians, Saint-Savournin, Solliès-Toucas.

B. Oxfordien : marnes et calcaires à *Ammonites Lamberti, cordatus, biplex, tortisulcatus, Belemnites semihastatus.* — Aix, Rians, Tourris, la Lare.

C. Corallien : calcaire blanc ou oolithique avec *Nerinea Defrancii, Diceras arietina* et polypiers. — Puits-de-Rians, Sainte-Victoire, massif de la Ste-Beaume, chaîne de la Nerthe, près Marseille.

IV. **Jurassique supérieur**

A. Kimméridgien : calcaire marno-compacte sans fossiles. — La Nerthe, massif de la Sainte-Beaume, montagne de l'Etoile.

B. Portlandien : calcaires compactes et dolomies. — La Nerthe, montagne de l'Etoile, massif de la Sainte-Beaume.

Etage valengien, base de la formation crétacée.

§ I. — Groupe du lias.

Tous les géologues, qui ont fait de la Provence l'objet de leurs études, ont été frappés des caractères particuliers qu'imprime à la physionomie de ses montagnes la majesté sauvage des calcaires chauvés et blancs qui sillonnent la contrée de rides parallèles à la direction des grandes Alpes, et qui, depuis les pics neigeux de Tende jusque sur les bords du Rhône, se dressent en murailles escarpées au-dessus des vallées qu'elles circonscrivent. Comme exemples les plus frappants, nous citerons le Mont-Ventoux, la chaîne de Sainte-Victoire, au nord-est d'Aix, la chaîne de l'Etoile, la chaîne de la Sainte-Beaume, les montagnes à stratification rubannée qui courent entre Digne et Grasse, et la chaîne qui, à partir des gorges d'Ollioule, s'étend jusqu'au-dessus de Nice, parallèlement au rivage de la Méditerranée, en constituant les sommités de Pharon, de Coudon, et les grandes barres sous lesquelles les vallées littorales s'abritent contre les vents du nord.

Dans les cartes géologiques publiées sur les départements qui constituent l'ancienne Provence, et dans les divers travaux rédigés sur la structure géologique de cette province, ces calcaires sont généralement rattachées à l'horizon de la *Chama ammonia*, et rangés, par conséquent, dans un des termes de la formation néocomienne. Il nous sera facile de démontrer que cette opinion a été soutenue à tort par des auteurs qui, trompés par le caractère pétrographique, ont confondu ces calcaires, qui représentent les étages corallien, kimméridgien, portlandien et valengien, avec les calcaires à *Chama ammonia*, dont ils sont séparés par toute l'épaisseur des étages néocomien et barrémien.

D'un autre côté, quand on considère les terrains qui, dans les départements du Var et des Bouches-du-Rhône, succèdent au muschelkalk, on est étonné du développement excessif qu'y prennent les dolomies et les cargneules, et occupent à elles seules jusqu'au niveau du *Pecten æquivalvis*, c'est-à-dire jusqu'au lias moyen, la place réservée aux marnes irisées, à l'infra-lias et au lias inférieur.

Nous avons vu, dans les pages consacrées à la description de la formation triasique, que ces dolomies avaient été attribuées par divers auteurs ou à l'étage du muschelkalk, telle est l'opinion de MM. de Beaumont et Jaubert, ou bien à celui des marnes irisées, ainsi que l'a cru M. Hébert. Je n'ai point à revenir ici sur les arguments que j'ai opposés à cette manière de voir, et que j'ai consignés dans un Mémoire déjà cité sur l'existence des quatre étages du lias dans la Basse-Provence. Il me suffira d'y renvoyer le lecteur qui voudrait en connaître la partie purement critique, puisque les descriptions qui vont suivre auront pour résultat de fournir un appui démonstratif en faveur de mes idées.

Et d'abord, pour bien asseoir les divisions qu'il est possible de reconnaître dans le lias de la Basse-Provence, interrogeons les environs de Bandol et de Saint-Nazaire, sur lesquels M. Jaubert a écrit, et où nous avons recueilli la première preuve que la plus grande partie des dolomies, contrairement aux opinions reçues, étaient une dépendance de l'infra-lias et du lias inférieur.

Le cap de Portissol, au sud de Saint-Nazaire, est constitué presque en entier par le muschelkalk qui recouvre le grès bigarré à la pointe du Baou-Rouge. Le muschelkalk, dont les bancs sont presque verticaux, supporte, à l'extrémité méridionale de la baie de Portissol, un ensemble assez puissant de marnes bariolées, entremêlées de cargneules rougeâtres, dont la vivacité des teintes attire le regard d'assez loin. Ces marnes appartiennent au keuper et ont approximativement une puissance de 185 mètres. Vers l'extrémité opposée de la baie, les marnes irisées se terminent par des argiles grisâtres, mêlées de couches minces de grès micacé, lesquelles admettent quelques bancs d'un calcaire compacte gris, à cassure conchoïde, irréguliers dans leurs allures, et remplis d'une quantité innombrable de fossiles qui peuvent être difficilement détachés de la pâte avec laquelle ils font corps. J'y ai recueilli cependant plusieurs exemplaires d'*Avicula contorta*, deux valves d'une grosse huître, qu'on prendrait, au premier coup d'œil, pour des valves ventrales de l'*Ostrea arcuata*, mais qui se rapportent à l'*O. irregularis*, telle qu'elle est figurée dans le Mémoire de M. Terquem, une *Ostrea* qu'on ne peut distinguer de l'*O. Marcignyana* Martin, le *Spondylus liasinus* Terq., un *Mytilus*, des *Cidaris*, des *Pentacrinites*, et une grosse *Phaladomya* allongée.

Le calcaire à *Avicula contorta* ne dépasse pas deux mètres d'épaisseur, et comme il est noyé dans des argiles, les épontes en sont irrégulières et mal définies. Mais ce qu'il nous importe le plus de relever ici, c'est moins la richesse de la faune que la position qu'occupe le calcaire qui la contient, ainsi que la signification que lui donne la présence de l'*Avicula contorta* et du *Spondylus liasinus*, puisqu'elles affirment si hautement la base de l'infra-lias

de l'Allemagne, de l'Italie, de la Savoie, de la France et
de l'Angleterre. Ce fait bien établi, il s'ensuit, comme
conséquence nécessaire, que toutes les assises supérieures à cet horizon ne sauraient être rangées dans
les marnes irisées, et que dès lors il y a lieu de repousser
d'emblée les conclusions des auteurs qui enlèvent au littoral le bénéfice de posséder le lias inférieur ainsi que
l'infra-lias.

Des dolomies grisâtres en couches minces, nettes et à
cassure terreuse ou finement grenue, auxquelles succèdent des cargneules à larges cloisons et que couronnent
d'autres dolomies grisâtres, le tout atteignant une puissance de 150 mètres, s'interposent entre les assises à
Avicula contorta et le lias moyen à *Pecten æquivalvis*. Men-
tionnons la présence de quelques bancs subordonnés
d'un calcaire grisâtre ou brunâtre, qui mesurent habi-
tuellement de 3 à 4 mètres, et que l'on recoupe à quelques mètres au-dessus des assises à *Avicula contorta*, et
nous en aurons fini avec les particularités lithologique les
plus saillantes de l'étage.

Comme nos recherches ont été infructueuses pour découvrir un seul fossile dans ce grand système dolomitique, il nous serait impossible de tracer une limite rigou-
reuse entre ce qu'il conviendrait d'attribuer, au-dessous
du lias moyen, au lias inférieur, et à l'infra-lias au-dessus
du calcaire à *Avicula contorta*. Nous avouons que nous
regrettons d'autant moins de ne pouvoir établir cette
séparation, que M. Hébert reconnaît, de son côté, que,
dans les coupes qu'il donne des environs de Digne, où
cependant toutes les couches sont fossilifères, il n'existe
aucune séparation bien tranchée entre l'infra-lias et le
calcaire à gryphées arquées, et que la limite qu'il a cru
devoir adopter peut ne pas être tout à fait exacte.

En l'absence de toute indication paléontologique, rap-
portons-nous-en aux épaisseurs, et admettons que celle
de 150 mètres, que l'on reconnaît aux dolomies supra-
keupériennes dans les environs de Saint-Nazaire, correspond aux 126 mètres des calcaires et des marnes supra-
keupériennes des environs de Digne. Or, puisque les
dolomies du littoral ont le même toit, le lias moyen, et le

— 43 —

même mur, les bancs à *Avicula contorta*, que les marnes
calcaires fossilifères des Basses-Alpes, et que ces dernières représentent incontestablement l'infra-lias et le
lias inférieur, on fera bien la concession d'admettre avec
nous que les dolomies de Saint-Nazaire représentent à la
fois l'infra-lias et le lias inférieur. Les différences se traduisent simplement par un changement dans le caractère pétrographique, accident assez fréquent dans l'histoire des terrains d'origine sédimentaire, et dont on
n'invoque plus guère aujourd'hui l'autorité.

Les études faites à Saint-Nazaire simplifiaient singulièrement la question. Je n'avais plus qu'à procéder à des
vérifications de contrôle dans les localités où les gypses
keupériens se trouvaient recouverts. Les communes de
Solliès-Toucas, de Cuers, de Belgentier, de La Valette,
devenaient surtout intéressantes à étudier, à cause du
grand développement qu'y prennent les marnes irisées.
Après avoir dépassé les dernières maisons de Solliès-
Toucas, on rencontre, sur la route de Vallauris, une carrière de pierre à chaux hydraulique, ouverte dans les
dolomies infra-liasiques. Sur la halde même du four de
cuisson, la ligne de séparation des dolomies et des marnes irisées est franchement établie, comme à Portissol,
par un banc d'une lumachelle calcaire de près de 1^{m}50 de
puissance, dans lequel j'ai recueilli l'*Avicula contorta* et le
Spondylus liasinus. Ce banc calcaire est constant et apparaît sur les flancs de la vallée de Font-de-Ton jusqu'à
l'endroit où l'inclinaison des couches ne permet plus
qu'aux dolomies liasiques de se montrer au jour.

Pour retrouver les mêmes relations, il convient de franchir le Gapeau et de remonter cette rivière jusqu'à la
hauteur de Belgentier. Dans ce parcours, sur la rive gauche de la vallée, où l'on peut pénétrer dans des plâtrières
ouvertes de distance en distance, la lumachelle à *Avicula
contorta* se rencontre toujours à sa place. A un kilomètre
avant d'arriver à Belgentier et à Belgentier même, on
exploite, pour l'empierrement de la route, les mêmes
bancs calcaires subordonnés aux dolomies, que nous
avons déjà eu l'occasion de signaler à Portissol. Le bone-
bed se montre également au-dessus des carrières de Liau-

taud, à l'est du village, ainsi que des Rampins, sur la route de Meounes. Cette dernière exploitation est remarquable par les bancs d'albâtre translucide blanc que l'on voit intercalés au milieu des gypses rouges ou grisâtres.

Il ne nous restait plus, pour dernière démonstration, qu'à revoir les plâtrières de Cuers, que nous avions étudiées en 1831, et que nous avions, dès cette époque, placées dans l'étage des marnes irisées. Cette seconde visite, faite après un si long intervalle de temps, n'a fait que confirmer notre premier jugement, en nous montrant au-dessus des anciennes carrières, taillées à ciel ouvert, à gauche de la route de Brignolles, la lumachelle avec *Avicula contorta* en contact immédiat avec les marnes irisées, et recouverte par les dolomies et les cargneules infra-liasiques. Là encore nous recoupions les grandes assises calcaires subordonnées aux cargneules; mais complètement dépourvues de fossiles.

Nous n'abandonnerons pas les environs de Toulon sans signaler à l'attention des géologues les plâtrières de La Vallette. C'est sur ce point qu'on peut observer le plus beau développement de la lumachelle à *Avicula contorta*, et dans laquelle on remarque une collection très-variée de fossiles qui ne demandent que de la patience pour être recueillis.

Il était donc démontré, par la supposition et par les fossiles, que les dolomies supérieures aux bancs à *Avicula contorta* ne pouvaient être confondues avec les dolomies inférieures à ces mêmes bancs; que celles-ci étaient keupériennes, tandis que les premières étaient liasiques. Or, le massif de la Sainte-Beaume se rattachait trop étroitement, vers l'est, avec les montagnes de Cuers et de Belgentier pour ne pas affirmer d'avance que partout où les gypses se montraient au jour, on devait observer les mêmes relations que dans les diverses localités dont nous venons de parler. Nous avons déjà dit, en décrivant le terrain triasique, qu'effectivement le bone-bed et le lumachelle à *Avicula contorta* apparaissaient au-dessus des gypses exploités de Roquevaire et de Saint-Pons, et que, sur ces divers points, ils étaient surmontés par les dolomies et les cargneules liasiques.

En suivant les flancs méridionaux de la chaîne de la Sainte-Beaume, depuis Cuges jusqu'à Signes, par le chemin de Riboux, on peut s'assurer, par le grand développement qu'y acquièrent les divers étages du terrain jurassique inférieur, que les dolomies que l'on observe à la base du lias moyen avec avec *Pecten æquivalvis* sont une dépendance du lias inférieur. Ces dolomies qui, près du Puits-d'Arnaud, recouvrent la partie supérieure de la formation triasique, buttent par faille contre les calcaires blancs qui représentent les étages kimméridgien et portlandien. Un vallon profond, perpendiculaire à la montagne, et désigné par le nom de Doucéran, entame dans le vif, à l'est de Cuges, le massif qui nous occupe, et permet de passer en revue l'infra-lias dolomitique, ainsi que le lias moyen qui, sur ce point, est riche en fossiles.

Mais la région où le lias a pris le plus d'extension est sans contredit les portions des communes du Plan-d'Aups, de Nans et de Saint-Zacharie, qui s'étendent entre les montagnes de la Lare et les premiers ressauts qui séparent la Sainte-Beaume proprement dite des montagnes contiguës. Ainsi, en remontant du Pas-de-Peyruis, qui est en plein dans le calcaire à Hippurites, vers la Grande-Bastide, on s'engage d'abord dans un défilé que dominent des rochers à contexture solide, et que la couleur ferrugineuse qui salit leur surface permet de reconnaître de loin. Ces rochers, qui appartiennent au lias moyen, sont supportés par les dolomies du lias inférieur, et sont séparés de l'étage provencien par une faille dirigée de l'ouest à l'est, qui court depuis Auriol jusqu'au-delà de Nans, parallèlement aux crêtes de la Sainte-Beaume. C'est du pied même de la faille que s'échappent en bouillonnant les sources de l'Huveaune et du ruisseau dit la Rivière, tributaire de l'Huveaune.

Les assises liasiques plongent vers le sud, et elles sont recouvertes par des calcaires marneux grisâtres, à contours émoussés, dans lesquels la présence des *Ammonites Humphriesianus* et *interruptus* permet de reconnaître le représentant de l'oolithe inférieure. Mais, à une faible distance, les couches plongent vers le nord; de sorte

qu'à mesure qu'on monte vers la Grande-Bastide, on retrouve le lias moyen et le lias dolomitique. C'est une disposition en forme de fond de bateau. A quelques pas de la
ferme, une nouvelle faille remet l'observateur en présence
des calcaires à Hippurites. Le lias moyen et le lias dolomitique se répandent de là vers l'ouest de la commune du
Plan-d'Aups et envahissent jusqu'à l'ourlet de la montagne de la Lare l'espace compris entre les arètes de Saint-
Jaume et les limites du département des Bouches-du-
Rhône. La ferme des Amoureux, la Carpiane, la Partido
et les premiers gradins du Collet-Blanc, que l'on traverse
pour aller du Plan-d'Aups à Roussargues, sont assis sur
le lias moyen et sur le lias inférieur. C'est d'ailleurs le
prolongement du même système vers le sud-ouest qui
forme la base de Roquo-Fourcado, de la Tour de Cauvin,
du camp de César, ces colosses bizarrement découpés à
leur sommet et appartenant au cornbrash.

On voit cet ensemble jurassique descendre vers Auriol
par le vallon de Roussargues, qu'il sépare de la plaine de
Gémenos, et venir s'appliquer, vers Vèdes, contre la montagne du Baou-Rouge, où les dolomies et le lias moyen
dessinent quelques minces affleurements au-dessus des
exploitations de lignites. Là, interrompu par suite de
nouveaux dérangements qui ont fait surgir le muschelkalk sur la rive droite du ruisseau de Vèdes, il disparaît
sous les terrains tertiaires; mais sa marche souterraine
est nettement indiquée par sa réapparition dans la chaîne
de Regagnas et dans celles de l'Olympe et de Roquefeuille.
En effet, sous l'oratoire même de Saint-Jean-de-Trets, on
retrouve le *bone-bed*, avec débris de reptiles, et les calcaires à *Avicula contorta*, s'appuyant toujours par faille
sur le corallien inférieur, et servant de base au lias dolomitique, au lias moyen, à l'oolithe inférieure et au cornbrash, exactement comme cela se reproduit dans les environs de Cuges et de Gémenos.

Pour en finir avec le bone-bed, nous nous bornerons à
signaler sa présence au pied même de la Lare, à deux
kilomètres de Saint-Zacharie. Lorsqu'on se rend de ce
village à la Sainte-Beaume, on traverse, ainsi que nous
l'avons déjà dit, des vergers d'oliviers occupés par les

cargneules des marnes irisées. Le chemin aboutit, après une montée assez raide, à un oratoire bâti sur une arête de rochers dont la pente opposée conduit au ruisseau dit la Rivière. On a pratiqué sur ce point une tranchée au milieu de dolomies terreuses très-bouleversées, et ces dolomies appartiennent au lias inférieur. En effet, à la suite de quelques recherches opérées soit sur place, soit dans les murs en pierres sèches qui retiennent les terres, on finit par découvrir la lumachelle à *Avicula contorta*, ce qui fixe nettement les horizons, et, un peu plus loin, les calcaires subordonnés aux dolomies, que nous avons eu l'occasion de citer plusieurs fois. La route traverse ensuite en remblai un vallon dont la berge gauche présente des calcaires durs avec les fossiles du lias moyen. Une grande faille, qui limite les abruptes septentrionaux de la Lare, vous remet presque immédiatement sur les dolomies portlandiennes.

Si l'absence des fossiles, dans le lias inférieur ainsi que dans les marnes irisées, a pu, avant la découverte de la lumachelle et du bone-bed, jeter quelque trouble dans la classification de la base du terrain jurassique, par contraire l'extrême abondance des fossiles dont le lias moyen a toujours permis aux géologues d'y trouver un de ces horizons faciles, grâce auquel les choses s'expliquaient d'elles-mêmes. Depuis longtemps, les quartiers de Valcros, près de Cuers, de Mazaugues, de Brignoles, du Plan-d'Aups, étaient devenus fameux, à cause des nombreuses coquilles qu'ils avaient fournies aux collections du Midi. Les plus abondantes appartiennent à la famille des brachiopodes et se rapportent aux espèces suivantes : *Rhynchonella variabilis* d'Orb., *R. meridionalis* Coq., *Spiriferina Hartmanni* d'Orb., *Terebratula subovoïdes* Lam., *T. resupinata* Sow., *T. cornuta* Sow., *T. numismalis* Lam., *T. punctata* Sow., *T. sub-punctata* Davids., *T. Jauberti* E. Desl. Je possède, provenant des environs de Brignoles, de Cuers et de Mazaugues, une Térébratule atteignant la taille des plus gros exemplaires de la *T. perovalis* de Normandie, et qui paraît avoir beaucoup d'analogie avec la *T. punctata*, à moins qu'elle ne constitue une espèce nouvelle. Il convient d'ajouter à cette liste les *Belemnites niger* d'Orb., *Ammonites margaritatus* Moutf., *A. normannianus* d'Orb., *Pholadomya ambigua* Sow., *Mytilus scalprum* d'Orb., *Pecten æquivalvis* Sow., *P. disciformis* Schüb., *Ostrea cymbium* d'Orb., *Pentacrinus basaltiformis* Miller, etc.

Ce qui caractérise le lias moyen dans le midi de la France, et spécialement dans le massif que nous décrivons, c'est la prédominance exclusive du calcaire au détriment de l'élément argileux. Ce calcaire est ordinairement d'un brun foncé tirant au noir, très-consistant, disposé en couches bien réglées, et il renferme en très-grande abondance des rognons tuberculeux de silex noirâtre ou grisâtre, dont la présence suffit pour affirmer l'étage du lias moyen. De plus, comme dans tous les terrains formés de calcaire pur, on observe que la terre végétale consiste en grande partie en une argile rougeâtre, qui fournit à son tour un caractère empirique auquel les géologues de la contrée ne se méprennent jamais. Comme les dolomies, qui sont l'équivalent du calcaire à gryphées arquées, sont friables, et que les bancs qui appartiennent à l'oolithe inférieure sont marneux et prompts à se déliter, le lias moyen, qui est encaissé au milieu de ces deux étages, se fait remarquer par l'âpreté de ses formes extérieures, ainsi que par une physionomie accentuée plus énergiquement.

Il serait sans intérêt de décrire en détail les points où se montrent les calcaires à *Pecten æquivalvis*, parce qu'ils suivent dans leur distribution les dolomies infra-liasiques, et que partout où celles-ci se montrent, on est certain d'y rencontrer les autres. C'est principalement au Pas-de-Peyruis, à Mazaugues, à la Barro-Santo, près de Gémenos, et entre Carpiane et le Plan-d'Aups, qu'il convient d'adresser les géologues désireux de faire une ample moisson de fossiles.

Si le lias moyen, dont la puissance dépasse 80 mètres, se détache nettement par l'ensemble de ses caractères, et surtout par les corps organisés qu'il contient du lias inférieur, il est moins aisé de le séparer du lias supérieur, qui consiste en des marnes pauvres en fossiles, et qui se lient insensiblement à des marnes de même couleur, dans lesquelles abondent les *Ammonites Humphriesianus*, *poly-*

— 49 —

morphus, et d'autres céphalopodes. propres à l'oolithe
inférieure.

M. Hébert (1), dans la coupe qu'il a donnée de Solliès-
Toucas à la chapelle Saint-Hubert, mentionne, au-dessus
du lias moyen, un système de calcaires marneux avec
Ammonites radians, A. primordialis, A. variabilis, que j'ai
eu l'occasion d'étudier en compagnie de M. Matheron, et
dans lequel on ne saurait se refuser à reconnaître le lias
supérieur. C'est à peu près à ce niveau que se trouve
logée, et en très-grande abondance, une grosse *Lima* qui
est certainement nouvelle, et que M. Jaubert croit être la
L. heteromorpha. Ce dernier observateur (2) cite, en outre,
dans le même système, les *Belemnites tripartitus, Ammo-*
nites bifrons, A. comensis, A. radians, A. aalensis, A. dis-
coïdes, Rhynchonella tetraedra, etc., dont la position et la
signification ne sauraient être douteuses. Enfin, M. Dumortier (3) signale, dans les carrières de Valcros, près
Cuers, au-dessous des calcaires à *Chondrites scoparius*, les
Ammonites serpentinus, A. mucronatus et *A. radians*. Ajoutons que les environs d'Aix offrent en assez grande abondance les *Ammonites bifrons* et *A. complanatus*.

J'avoue que, dans le pourtour de la Sainte-Beaume, où
les fossiles du lias supérieur sont plus rares, je n'ai pu
parvenir à séparer avec autant de facilité ces étages du
lias moyen et de l'oolithe inférieure; cela tient certainement à ce que le caractère minéralogique n'a pas varié;
car, ajoute M. Jaubert, l'on ne saurait trouver de ligne
(même légèrement accusée) de séparation dans cet ensemble que par les fossiles appartenant à ces trois étages.
Quand on réfléchit, d'un autre côté, à l'insignifiance des
bancs à *Avicula contorta* au milieu des dolomies dans lesquelles ils sont étouffés et aux erreurs que la négligence
dans lesquels ils ont été laissés a introduites dans la classification des terrains secondaires de la Provence, on

(1) HÉBERT. *Du terrain jurassique en Provence. — Bul. Soc. géol. de France*,
2ᵉ série, t. XIX, p. 119.

(2) JAUBERT. *Sur la grande oolithe de la Provence. — Bull. Soc. géol. de
France*, 2ᵉ série, t. XVIII, p. 606.

(3) DUMORTIER. *Coup d'œil sur l'oolithe inférieure du Var. — Bull. Soc. géol.
de France*, 2ᵉ série, t. XIX, p. 840.

doit se montrer fort réservé avant d'affirmer la suppression d'un étage, surtout quand une série est normale et qu'elle se montre en une parfaite concordance dans toutes ses parties. Sans la coupe de Solliès-Toucas et les découvertes précises de M. Jaubert, qui a habité longtemps la localité, j'aurais été fort embarrassé de reconnaître le lias supérieur dans la vallée du Douceran, au Pas-de-Peyruis, ainsi que dans la commune du Plan-d'Aups.

Il est donc démontré que si, dans le nord de la France et dans les Basses-Alpes, les quatre étages du lias sont fossilifères et caractérisés, chacun d'eux, par une faune spéciale, les bancs représentant le niveau de l'*Ostrea arcuata* sont convertis en dolomies dans le midi de la France, et se rapportent à un type particulier très-bien représenté dans le pourtour du plateau central, dans les départements de la Charente, de la Dordogne, de l'Aveyron, ainsi que dans celui de la Lozère, où M. Ebray, à son tour, malgré l'absence de fossiles, est parvenu à très-bien reconnaître, au-dessous du *Pecten æquivalvis*, le lias inférieur et l'infra-lias dans les dolomies et les grès qui les supportent.

§ II. — Groupe de l'oolithe inférieure.

Nous venons de voir que, malgré des différences radicales dans les caractères lithologiques entre le terrain du lias du nord et celui du midi de la France, les données fournies par la stratigraphie et l'interprétation des faunes suffisent pour nous renseigner sur l'existence et la valeur des quatre étages ci-dessus mentionnés. C'est encore aux données paléontologiques qu'il convient de recourir pour reconnaître dans les masses, qui s'interposent entre les calcaires à *Ammonites bifrons* et les premières couches kelloviennes, les divisions que l'on établit dans le groupe inférieur de la formation jurassique, soit en Angleterre, soit dans la Normandie, soit dans le Jura.

En effet, les bancs qui correspondent à l'oolithe inférieure et à la grande oolithe, au lieu de présenter ces alternances de calcaires ferrugineux, oolithiques ou compactes et de marnes, sont exclusivement composés, dans

le massif de la Sainte-Beaume, par des calcaires marneux, grisâtres à la surface, bleuâtres dans la cassure
fraîche, et jouissant de la propriété de se déliter en es-
quilles plates. Les fossiles que l'on recueille immédiatement au-dessus du lias supérieur sont les *Belemnites sulcatus* Miller, *Ammonites Humphriesianus* Sow., *A. interruptus* Brug., *A. Brongniarti* Sow., *A. Martinsii* d'Orb., *A.
subradiatus* Sow., *Ancyloceras annulatus* d'Orb., *Pecten Sile-
nus* d'Orb., espèces toutes spéciales à l'oolithe inférieure.

Il est toutefois utile de faire remarquer que l'oolithe
inférieure, dans tous les points de la Provence où elle se
montre, a pour base des calcaires marneux, dont la surface des couches est entièrement couverte d'un fucus
nommé par M. Thiollière (1) *Chondrites scoparius*, et que
l'on peut observer par milliers d'exemplaires entre le Pas-
de-Peyruis et la Grande-Bastide, au Collet-Blanc, commune du Plan-d'Aups, entre Riboux et Cuges, et enfin
dans le jurassique des environs de Toulon.

M. Dumortier (2), dans une note intitulée : *Calcaire à
Fucoïdes, base de l'oolithe inférieure du bassin du Rhône*, a
appelé l'attention des géologues sur la distribution géologique du *Chondrites scoparius* et sur l'importance de
l'horizon que cette plante détermine. Plus tard, le même
observateur (3) a eu occasion d'en observer et de décrire
un magnifique gisement près du hameau de Valcros, entre
Cuers et Belgentier. Là, les couches qui les contiennent
ont de 30 à 50 centimètres d'épaisseur. Des touffes tenant
d'une même tige s'y trouvent établies sur une longueur
de 30 centimètres.

On trouve, au-dessus de ce niveau, quelques assises de
calcaire d'une couleur rougeâtre très-prononcée, entièrement pétries d'articles d'encrines et représentant, à ne
pas en douter, le fameux calcaire à entroques de la Franche-Comté et de la Bourgogne, lesquels sont placés,
comme on le sait, entre les argiles à *Ostrea acuminata* et
les bancs à *Terebratula perovalis* et *Belemnites giganteus*.

(1) Thiollière. *Bull. Soc. géol. de France*, 2ᵉ série, vol. xv, p. 718.
(2) Dumortier. *Bull. Soc. géol. de France*, 2ᵉ série, vol. xviii, p. 579.
(3) Dumortier. *Coup d'œil sur l'oolithe inférieure du Var. — Bull. Soc. géol.
de France*, 2ᵉ série, t. xix, p. 839.

On peut en suivre un large développement, surtout à la base des grands escarpements qui barrent l'horizon au nord de la ville de Cuers, et que la carte de Cassini inscrit sous les noms de montagne de Dau et de roc de la Font-Jouveneau.

La découverte de l'*Ostrea acuminata*, recueillie, au-dessus de Solliès-Toucas, dans des éboulis qui ont roulé sur l'oolithe inférieure, tend à faire reconnaître que l'horizon dessiné par ce fossile est également représenté dans les environs de Toulon.

L'oolithe inférieure supporte un peu plus haut d'autres calcaires de nature un peu moins marneuse, mais toujours bleuâtres, dans lesquels on observe les *Ammonites discus*, *A. polymorphus* et *A. arbustigerus*, espèces que M. Hébert considère comme caractéristiques de la grande oolithe.

Au-dessus de ce système marneux, dont la puissance atteint une centaine de mètres, si elle ne la dépasse, les calcaires perdent les caractères que nous leur avons connus jusqu'ici; ils deviennent jaunâtres, plus solides, et ils contiennent des oolithes de grosseur moyenne mal définies et d'une teinte un peu plus foncée que la pâte dans laquelle elles sont emprisonnées; de plus, ils admettent de distance en distance quelques couches subordonnées de marnes argileuses qui renferment en très-grande quantité, outre de nombreux polypiers, les *Terebratula coarctata* Park., *T. flabellum* Sow., *Rhynchonella concinna* d'Orb., *Ostrea costata* Sow., *Eligmus polytypus* E. Desl., *Diastopora Michelini* M. Edw., *Trichites crassus* Bronn, *Pecten vagans* Sow., et la légion de bryozoaires qui ont rendu célèbres les environs de Ranville. Il convient d'ajouter à cette liste de fossiles la *Rhynchonella decorata* que M. Matheron a recueillie au pied de la chaîne de la Sainte-Beaume.

Ces calcaires, qui appartiennent, surtout dans leur partie supérieure, au cornbrash, jouissent de la propriété de former, au-dessus des talus argileux qu'ils recouvrent, des escarpements coupés à pic connus sous le nom de *barres*, et qui, lorsque les dénudations partielles ou les dislocations les ont atteints, se traduisent en pics, en

obélisques et en rochers à formes fantastisques. C'est à
ce système, c'est-à-dire au cornbrash, qu'appartient la
chaîne de montagnes qui, entre Auriol et Gémenos, est
devenue célèbre dans la contrée par la manière capricieuse
dont ses crêtes sont dentelées, et dont l'accident le plus
remarquable constitue les pitons de la *Roque-Fourcado*.
Le mont Olympe et l'Olympon, entre Trets et Saint-
Zacharie, ainsi que les montagnes de Hautefeuille, en
font aussi partie.

La coupe représentée par la fig. 4 indique très-bien les

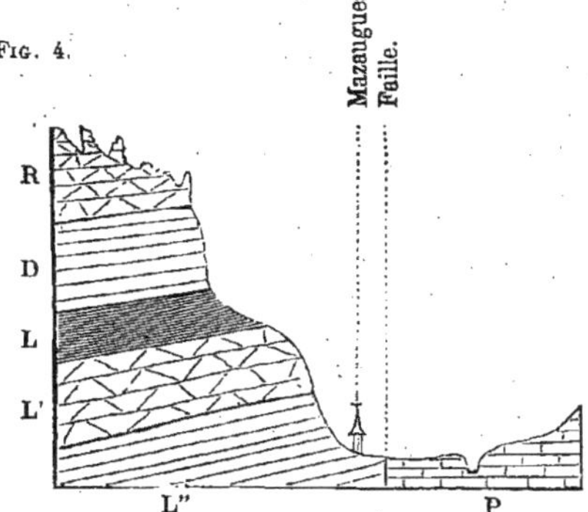

L" Lias inférieur dolomitique. — L' Lias moyen. — L Lias supérieur. — D Oolithe
inférieure. — R Cornbrash à *T. flabellum*. — P Etage provencien.

rapports des divers étages de la formation jurassique au
sud de Mazaugues, et on peut en suivre le prolongement,
malgré quelques lacunes intermédiaires, dans les communes de Riboux et de Cuges, entre les flancs méridionaux de la chaîne de la Sainte-Beaume et la grande route
de Marseille à Toulon. Le chemin, qui met en communication le Pas-de-Peyruis et la Grande-Bastide, est ouvert
au milieu des marnes de l'oolithe inférieure. Entre la
Grande-Bastide et la ferme des Amoureux, dans la direction de l'ouest, il s'établit une ligne de faîte occupée entièrement par le lias moyen et le lias dolomitique; mais

4

après avoir franchi le ruisseau des Incarnaux, et en suivant le chemin d'Auriol par le vallon de Roussargues, on retombe sur les marnes de l'oolithe inférieure que surmontent magistralement, comme d'une couronne murale, les rochers à parois verticales de la Tour-de-Cauvin et du Camp-de-César. Ces rochers appartiennent au cornbrash.

On voit, en définitive, que les étages de l'oolithe inférieure avec la formation liasique qui lui sert de piédestal dessinent, de chaque côté de la chaîne de la Sainte-Beaume proprement dite, une espèce de ceinture, ou mieux une double bande parallèle, dont la méridionale se détache des environs de Brignolles, passe par la commune de Celles, se montre dans la chaîne de Lubas, au-dessus de Mazaugues, se reforme dans la commune de Riboux, apparaît dans les déchirements du vallon du Douceran, et après avoir affleuré une dernière fois près de la ville de Cuges, s'interrompt par suite de failles et vient se briser contre les calcaires coralliens.

La bande septentrionale se soude aux montagnes de Nans, passe par le Pas-de-Peyruis, occupe tout le revers nord de la commune du Plan-d'Aups, forme les crêtes de la Roque-Fourcado, s'abaisse insensiblement vers Gémenos, et vient se heurter, à son tour, entre cette commune et Saint-Pons, contre les calcaires blancs qu'il nous reste à décrire, et qui appartiennent généralement aux étages supérieurs du terrain jurassique.

§ III. — Groupe du jurassique moyen.

Pour se rendre un compte exact de la constitution géologique des groupes du jurassique moyen, il serait téméraire de demander ses documents à la région si profondément tourmentée qui nous occupe, et où les relations de superpositions normales sont troublées pour ainsi dire à chaque pas. Il est indispensable, si on veut arriver à un résultat satisfaisant, de reprendre la coupe que nous avons donnée de Solliès-Toucas au point où nous l'avons laissée, c'est-à-dire aux assises du cornbrash (fig. 5).

On franchit la barre occupée par les calcaires solides R,

en recoupant la partie supérieure de ces mêmes calcaires oolithiques, dans lesquels persistent des polypiers, et les

Fig. 5.

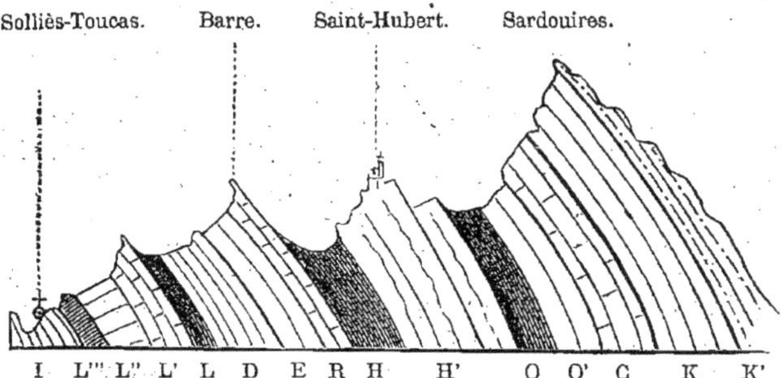

I Marnes irisées. — L''' Infra-lias à *Avicula contorta*. — L'' Lias inférieur dolomitique. — L' Lias moyen à *Pecten æquivalvis*. — L Lias supérieur à *A. bifrons*. — D Oolithe inférieure à *A. Humphriesianus*. — E Grande oolithe à *A. arbustigerus*. — R Cornbrash à *T. coarctata*. — H Kellovien à *A. anceps*. — H' Dolomies kelloviennes. — O Oxfordien à *A. Lamberti*. — O' Oxfordieu à *A. biplex* (Argovien). — C Calcaire corallien à *Diceras arietina*. — K Calcaire kimméridgien. — K' Dolomies portlandiennes.

crêtes une fois atteintes, on voit se dresser en face de grands rochers dénudés H', à surface corrodée, consistant en couches épaisses et noirâtres, dont un des pics les plus saillants supporte les ruines de la chapelle de Saint-Hubert. Pour parvenir au pied des escarpements, on est obligé de descendre, suivant un plan incliné représentant le prolongement des couches du cornbrash. La séparation entre les escarpements et les assises les plus élevées du groupe jurassique moyen est très-nettement indiquée par une dépression ouverte au milieu d'argiles jaunâtres pendant vers le nord-ouest.

Ces argiles H, qui appartiennent à l'étage kellovien, ainsi que l'a très-bien reconnu M. Hébert, contiennent une très-grande quantité de fossiles, parmi lesquels dominent les *Pholadomya carinata* Goldf., *Ceromya elegans* d'Orb., *Thracia Chauviniana* d'Orb., *Lavignon ovalis* Orb., *Pecten demissus* Béan, *Ammonites Bakeriæ* Sow., *A. ma-*

crocephalus Ziet., *A. anceps* Rein., *Holectypus striatus* Orb.; etc.

Au-dessus de ce kellovien, qui me paraît correspondre au kellovien ferrugineux de Montbizot, dans la Sarthe, se développe un imposant système de dolomies H', disposées en bancs épais, de couleur grise ou brunâtre; et jouissant de la propriété de se désagréger jusqu'à une certaine profondeur, en un sable meuble, dont chaque grain est un petit rhomboèdre de carbonate double de chaux et de magnésie. Les parties saines présentent, dans la cassure, une structure grenue et cet aspect scintillant qui les fait ressembler à un quartzite. Aussi, trompés par cette apparence, MM. Jaubert et Hébert ont écrit que les argiles kelloviennes étaient recouvertes par un puissant dépôt de grès qui, en réalité, ne sont autre chose que les dolomies dont nous parlons ici.

M. Hébert reconnaît que ce système est encore une dépendance de l'oxfordien inférieur, et je suis de son avis. Cela étant, il eût été fort extraordinaire que, lorsque, dans toute la Provence, l'oxfordien se montre constamment marneux ou calcaire, il eût été constitué par des grès dans les environs de Toulon. A part cette rectification qui ne porte que sur un simple détail, on voit que les divers étages de la formation jurassique se succèdent, dans cette partie du midi de la France, avec la régularité et dans le même ordre qu'on leur a reconnus dans le nord. Les différences, ne portant que sur des questions d'épaisseur ou sur le faciès pétrographique, ne sauraient atteindre en aucune façon, dans ce qu'ils présentent de général, les caractères qui ressortent des faits si clairement établis au nom de la stratigraphie et de la paléontologie.

Les dolomies oxfordiennes, que l'âpreté de leurs lignes terminales détache franchement des masses environnantes, sont recouvertes, dans la direction du nord-ouest, par des calcaires blancs C et K, à cassure cireuse, dont l'épaisseur dépasse 300 mètres, et qui, je le répète, forment, dans la Provence, un des horizons géologiques le plus accentué, mais aussi le plus difficile à définir exactement, à cause de la rareté de ses fossiles. Toutefois, avant de poursuivre notre description, nous devons faire remarquer que le recouvrement n'est pas immédiat, mais qu'il s'interpose entre les dolomies H' et les calcaires blancs C, d'abord un étage marneux O, de couleur ardoisée, avec géodes de carbonate de chaux, qui correspond aux marnes oxfordiennes proprement dites avec *Ammonites cordatus* Sow. et *A. tortisulcatus* Orb., et ensuite un étage calcaire compacte O', fuligineux, à couches peu épaisses, contenant les *Ammonites plicatilis* Sow., *A. biplex* Sow., et correspondant, par conséquent, au sous-étage argovien des géologues suisses. Les marnes se développent dans le quartier des Bessons, et de là jusqu'aux alentours du Mont-de-Gautier, sur le chemin de Tourris.

En effet, lorsque, au fond du vallon creux ouvert entre les dolomies et le revers septentrional de la barre formée par les calcaires à *Terebratula flabellum*, on atteint le chemin charretier qui de la Pouraque conduit aux Bessons, on voit les dolomies de Saint-Hubert s'abaisser brusquement et venir butter par faille contre les marnes oxfordiennes et contre des calcaires blancs appartenant à l'étage corallien. Cette interruption brutale de la bande dolomitique et le changement radical dans la composition de la roche, changement qui se manifeste sur les lèvres mêmes de la faille, deviennent, pour le géologue habitué à parcourir les montagnes si violemment tourmentées de la Provence, des avertissements sérieux dont il doit tenir compte, et qui lui imposent l'obligation d'examiner les choses de très-près et de recourir, pour assurer la sécurité de ses jugements, à l'étude minutieuse de chaque couche.

Pour constater sur place la dénivellation opérée par la faille que nous signalons, il n'y a qu'à remonter vers les escarpements, 200 mètres environ à l'est du chemin qui aboutit à une carrière de pierre dure, ouverte au-dessous des Bessons. On y aperçoit très-clairement le placage des bancs dolomitiques contre des marnes bleuâtres, se délitant promptement au contact de l'air, et auxquelles succèdent les calcaires à *Ammonites plicatilis*, et qu'écrasent, à leur tour, les grandes masses calcaires qui se prolongent sans interruption dans les crêtes montagneuses qui

dominent, à l'ouest, le chemin de Tourris, et forment,
au sud, le promontoire de Coudon, remarquable autant
par sa masse imposante que par la blancheur et l'aridité
de ses flancs.

Les détails de la coupe précédente, qui persistent identiques jusque dans le massif de la Sainte-Beaume, montrent avec la dernière évidence que la faille a eu pour
résultat d'opérer l'abaissement des dolomies, car depuis
la chapelle Saint-Hubert jusqu'aux alentours des Bessons,
elles dominent de plusieurs centaines de mètres le vallon
kellovien, et, au-delà de l'accident, elles se trouvent
remplacées au même niveau par un système qui leur est
supérieur, comme on peut s'en assurer au-dessus de la
fontaine de la Tourne, dans le quartier de la Galère, par
exemple, ainsi que sur tous les points où la succession
des étages se montre normale et continue. Il est facile de
procéder d'ailleurs à une vérification de contrôle, d'où
ressort cette vérité, en se dirigeant droit à l'est de Pa-
ranque, vers l'ancien prieuré de Vallauris, c'est-à-dire
en recoupant les affleurements des couches suivant l'ordre descendant. On ne tarde pas, après s'être affranchi
des marnes oxfordiennes, à rencontrer les dolomies sous-
jacentes, avec leur physionomie toute spéciale.

Le diagramme représenté par la fig. 5 indique l'ordre
des étages qui se succèdent depuis le niveau de Gapeau,
près de Solliès-Toucas, jusqu'aux hauteurs des Sardoui-
res, et qui représentent la série jurassique complète.
Comme les calcaires O' contiennent, entre autres fossiles,
les *Ammonites biplex* et *plicatilis*, il va sans dire qu'ils se
réfèrent à l'oxfordien supérieur, et que conséquemment
les 300 mètres de calcaires blancs C, K, K' cui les surmontent, et dont les escarpements de la montagne de Coudon
offrent un magnifique développement, constituent quelque chose d'essentiellement supérieur à l'oxfordien. Or,
je prétends établir que ce quelque chose représente à la
fois les étages corallien, kimméridgien et portlandien.

Mais, avant de procéder à ce nouvel ordre de faits, il
convient de faire remarquer que, dans le massif de la
Sainte-Beaume, par suite de deux grandes failles qui le

séparent des montagnes contiguës au nord et au sud, et
par suite du renversement complet de tous les étages qui
en établit la succession dans l'ordre inverse de leur ancienneté relative, les étages oxfordien et kellovien n'ont
pas surgi à la surface, excepté sur un seul point, à ma
connaissance du moins. Ce point existe sur la route de
Saint-Zacharie à la Sainte-Beaume, et on où le rencontre,
lorsque l'on a dépassé à 200 mètres environ, en face du
village ruiné de Vrognon, le lambeau du terrain à Hippurites qui est plaqué contre les calcaires blancs de la
montagne de la Lare. L'étage oxfordien y est représenté
par des calcaires jaunâtres, solides, maculés de points
glauconieux, et dans lesquels j'ai recueilli les *Ammonites
biplex* et *plicatilis*, ainsi que le *Belemnites hastatus*. Ces
bancs, très-tourmentés d'ailleurs, sont presque immédiatement recouverts par les calcaires coralliens, et il serait
très-difficile, pour ne pas dire impossible, d'en suivre le
prolongement au milieu des forêts de pins qui s'étendent
de tous côtés, et qui ne laissent guère au géologue d'autre
champ utile d'exploration que les tranchées de la route
et quelques saillies rocheuses qui pointent çà et là.

§ IV. — Groupe du jurassique supérieur.

Revenons à notre coupe des environs de Toulon, afin
de bien établir la solidité de nos déductions. Sans me
prévaloir ici de quelques empreintes que l'on remarque
dans les blocs roulés des sommités et que l'on trouve
épars près de la Pouraque, empreintes d'après lesquelles
on peut affirmer l'existence de polypiers et de quelques
bivalves ressemblant à des sections de Diceras; sans
parler non plus de nombreux polypiers, de Nérinées, de
Diceras arietina découverts dernièrement par moi près
d'Auriol et dans la chaîne de la Nerthe, près de Marseille,
au milieu de calcaires blancs identiques à ceux de Coudon et occupant la même position, je dois déclarer qu'il
y aurait bien peu de mérite à ne trouver que le corallien
seul dans cette énorme masse de calcaires supérieurs à
l'oxfordien, surtout depuis que ce premier étage a été

signalé, avec ses fossiles propres, dans les environs de
Montpellier, de Nice et d'Escragnolles.

Il s'agit donc de démontrer que les étages kimméridgien et portlandien y sont également représentés, et je
m'empresse de confesser que, jusqu'à ce jour, il m'a été
impossible de découvrir aucun corps organisé fossile au-
dessus des bancs à *Diceras arietina*, c'est-à-dire dans une
masse de plus de 200 mètres d'épaisseur. Mes recherches
ont été partout infructueuses, soit dans le massif de Ste-
Victoire, soit dans celui de la Sainte-Beaume, soit dans
la montagne de la Lare, soit au-dessous de Garlaban, près
d'Aubagne, soit dans la chaîne de l'Etoile, entre Aix et
Marseille, soit enfin dans les environs de Toulon, où les
calcaires supérieurs à l'oxfordien prennent un développement formidable. Tout au plus si, entre Allauch et la
Treille, près de Marseille, il m'a été donné de constater,
au-dessus des calcaires coralliens, quelques bancs d'apparence plus argileuse, dessinant, au milieu de ces masses compactes, une dépression parallèle à la stratification
générale. J'espérais y découvrir quelques *Ostrea virgula*,
car c'était là leur place (1); mais là encore mon opiniâ-
treté à les y découvrir est restée sans résultat.

Toutefois, mes recherches, quoique stériles, étaient sans
force contre ma conviction. La seule contrariété que j'é-
prouvasse et que j'éprouve encore était de ne pouvoir établir une séparation nette et tranchée, avec l'aide d'un kimméridgien fossilifère, entre la base des calcaires blancs,
qui était positivement corallienne, et la partie supérieure de
ces mêmes calcaires, qui devait être portlandienne, puisqu'au-dessus je constatais la présence de l'étage valengien avec *Strombus Sautieri* Coq. Mais je n'avais point
oublié qu'il en était ainsi pour une grande partie de la

(1) A. d'Orbigny (*Bull. Soc. géol. de France*, 1re série, t. XIII, p. 425) an-
nonce que l'*Ostrea virgula* a été, depuis longtemps, signalée par M. E. de
Beaumont, et recueillie plus tard par lui au-dessus de la ville de Cuers, sur la
route de Brignoles. C'est là une erreur manifeste. Le célèbre paléontologiste
aura confondu l'*Ostrea acuminata*, qui s'y trouve réellement, avec l'*Ostrea
virgula*; car, ainsi que l'ont démontré les écrits de M. Hébert et les miens, le
niveau le plus élevé des montagnes qui dominent la route de Brignoles se réfère
au cornbrash, et c'est bien au-dessous des bancs à *Terebratula flabellum* que
se trouve le gisement de l'*Ostrea acuminata*.

chaîne du Jura, où le portlandien tient une place importante. En effet, malgré le grand nombre de géologues qui
se sont succédé à Besançon, et malgré les recherches les
plus actives, on n'est jamais parvenu à découvrir un seul
fossile dans les calcaires portlandiens qui s'interposent
entre cette ville et la commune contiguë de Morre, et qui
surmontent les argiles kimméridgiennes pétries de coquilles, tandis que ces mêmes calcaires sont fossilifères
dans les environs de Salins, de Gray et de Mouthier.

Je savais également que, dans le Haut-Jura, dans le
département du Doubs, comme dans ceux du Jura et de
l'Ain, le kimméridgien, marneux et si riche en fossiles
aux portes de Besançon, se transformait graduellement
en un calcaire compacte sans fossiles, et se liait, par des
transitions si bien ménagées, soit avec les calcaires coralliens, soit avec les calcaires portlandiens (ces derniers
toujours sans fossiles), que les savants chargés des cartes
géologiques de ces départements, se trouvant dans l'impossibilité d'opérer une distinction entre ces trois étages,
ont dû les confondre dans une teinte commune. Sur ces
divers points, en un mot, le jurassique supérieur avait
revêtu le *facies provençal;* mais, malgré cette transformation, il n'est jamais entré dans les idées d'aucun géologue
jurassien de nier son existence ou d'en faire l'appendice
de l'étage oxfordien, par la raison seule qu'il ne contenait
aucune trace de fossiles. D'un côté, la stratigraphie et de
l'autre l'épaisseur des masses calcaires supérieures à l'oxfordien argovien, dans la chaîne entière du Jura, eussent
protesté contre tout ce que cette suppression aurait ren-
fermé d'arbitraire. Eh bien! ce que l'on concède pour le
Jura, ou pour parler le langage plus exact de la justice,
ce qu'on ne saurait dénier au Jura, je demande qu'on le
concède également pour la Provence, où les choses se
présentent dans des conditions identiques, sous le triple
point de vue de la superposition, des fossiles et des
masses.

Cependant, je dois prévoir une objection qu'on a déjà
mise en avant, et qui consiste à admettre que, dans le
midi de la France, les étages corallien, kimméridgien et
portlandien ne sont point représentés, et que les 400 mè-

tres de calcaires blancs supérieurs aux marnes oxfordiennes sont une dépendance de l'étage oxfordien, qui,
dans cette contrée, aurait acquis un développement extraordinaire. Je ferai observer tout d'abord que cet argument, outre qu'il est déjà renversé par la découverte
officielle du corallien dans les deux départements contigus du Var et des Bouches-du-Rhône, serait un argument
de pure fantaisie, puisqu'on n'aurait pas moins à lui opposer les présomptions analogiques qui militent en faveur
de l'opinion contraire, et dont la constitution géologique
du Haut-Jura lui octroie le bénéfice. Mais passons et
cherchons à découvrir une preuve, je ne dirai pas plus
décisive, mais corroborative de la première.

Depuis longtemps, les travaux de MM. Pidancet, Lory,
Desor, Campiche, Pictet et Sautier et les nôtres, ont
établi, contrairement à l'opinion d'autorités célèbres,
que, dans la chaîne entière du Jura, la formation crétacée était en concordance parfaite avec la formation jurassique, et que les premières assises du terrain néocomien
reposaient constamment sur les marnes purbeckiennes,
ou bien, quand celles-ci manquaient, sur les bancs les
plus élevés de l'étage portlandien, circonstance qui dévoile qu'aucune partie du terrain jurassique, dans le
Jura, n'était exondée à l'époque des dépôts néocomiens,
et que ceux-ci ont succédé normalement dans la même
mer à l'étage portlandien. Il a été démontré de plus que
la formation néocomienne, au lieu de débuter par les
marnes d'Hauterive, c'est-à-dire par la faune du *Spatangus retusus* et de l'*Ostrea Couloni*, comme l'ont admis à
tort la presque généralité des géologues français, admet-
tait, au-dessous de cet horizon, un étage spécial désigné
par le nom de *Valengien*, et que caractérise une faune
spéciale, dont les représentants les plus remarquables
sont les *Pygurus rostratus*, *Ammonites Gevrylianus* d'Orb.,
Strombus Sautieri Coq., etc.

Le valengien s'étend, dans le Jura, jusqu'au-delà du
méridien du Fort-des-Rousses, ainsi que ce fait ressort
clairement des coupes données par le commandant du
génie, M. Sautier.

J'ignore si on a eu l'occasion de signaler sa présence

dans le massif des grandes Alpes ; mais il existe positivement dans le cœur des Alpes provençales, où j'ai eu la
bonne fortune de le découvrir sur plusieurs points, notamment dans les environs de Nice et de Marseille ; ainsi
que dans la chaîne de la Sainte-Beaume. J'ai lieu de sup-
poser, d'après quelques renseignements que le temps m'a
empêché jusqu'ici d'aller vérifier sur place, qu'il existe
également dans les montagnes de Cassis. L'étage valengien se trouve placé, en Provence, au-dessous des marnes d'Hauterive (couches à *Spatangus retusus*), et partout
où il a pu être signalé, il renferme le *Strombus Sautieri*.
On ne saurait nier, par conséquent, son équivalence avec
celui de la Suisse et du Jura, puisqu'il contient les mêmes
fossiles et qu'il occupe la même position.

En effet, lorsque de Marseille on veut se rendre à la
montagne de Garlaban par Camoins-les-Bains, après avoir
dépassé le hameau de la Treille, on rencontre sur la rive
gauche du ravin de l'Escaupo, les calcaires marneux à
Spatangus retusus que leur couleur jaunâtre permet de
reconnaître de loin. Ils s'appuient directement sur des
calcaires blanchâtres, compactes, à cassure cireuse,
qu'il est d'autant plus difficile de distinguer, d'après
leurs caractères extérieurs, des calcaires également
blanchâtres que l'on observe au-dessus des marnes oxfordiennes, que les uns et les autres font partie de la même
masse et d'un même système montagneux. Or, c'est dans
les bancs les plus élevés de ces calcaires et au-dessous
des marnes d'Hauterive proprement dites, que l'on recueille le *Strombus Sautieri*, fossile que M. Matheron possédait depuis plus de 25 ans dans ses collections.

Au-dessous de la station occupée par le *Strombus Sautieri*, on ne remarque que des calcaires compactes, d'une
épaisseur de 300 mètres au moins qui se terminent par
des bancs à *Diceras arietina*, et il n'est pas possible, je le
répète, d'y établir aucune subdivision, à cause de l'identité de la roche et de l'absence des fossiles. Je dois même
ajouter que sur une foule de points, notamment dans la
chaîne de l'Etoile, entre Aix et Marseille, dans celle de la
Nerthe, dans la chaîne de la Lare, entre Saint-Zacharie

et le Plan-d'Aups, des dolomies grenues se substituent
fréquemment à l'élément calcaire, surtout au-dessous
des assises à *Strombus Sautieri*; or, pour moi, ces dolomies sont portlandiennes. De quelque manière toutefois
qu'on envisage la question, il ne reste pas moins acquis
à la cause que les 400 mètres de calcaires blancs qui surmontent l'oxfordien comprennent à leur partie supérieure l'étage valengien et à leur base l'étage corallien,
caractérisés l'un et l'autre par leurs fossiles spéciaux.
Que convient-il de faire des parties moyennes ?

Bien qu'on ne doive attacher qu'une valeur secondaire
aux rapports qui découlent d'une simple ressemblance
minéralogique, il n'est pas moins intéressant de les faire
ressortir, quand ils se rattachent aux questions bien au-
trement importantes de stratigraphie et de paléontologie.
Ainsi il est curieux de voir se développer dans le midi et
précisément au-dessous de l'étage valengien, les dolomies
portlandiennes qui dans le Haut-Jura tracent un horizon
si constant au-dessous de ce même étage. MM. Pictet et
Campiche (1) les signalent dans la cluse de Noirvaux, où
elles alternent avec des assises de calcaire compacte et
que recouvre toutes ensemble un calcaire celluleux qui
les sépare du terrain crétacé, et « on ne pourrait sup-
« poser, ajoutent ces auteurs, que cet ensemble de cou-
« ches correspond au virgulien de Thurmann ; mais en
« l'absence à peu près complète de fossiles, il semble
« préférable de lui donner le nom de *Kimméridgien*
« *dolomitique* puisqu'il faut bien apporter une subdivision
« quelconque dans un terrain d'une puissance totale aussi
« considérable. »

Or, il est facile de s'assurer, surtout dans les environs
de Morteau et de Pontarlier, que ces dolomies sont essentiellement portlandiennes, et j'aime à croire que si MM.
Campiche et Pictet les supposent kimméridgiennes à
Noirvaux, bien qu'elles reposent sur les assises à *Ostrea
solitaria, Ceromya excentrica, Pholadomya Protei*, etc., c'est
que vraisemblablement sur ce point les bancs à *Ostrea*

---

(1) Pictet et Campiche. *Description des fossiles du terrain crétacé des environs de Sainte-Croix*, p. 15.

virgula ne sont pas fossilifères, mais sont représentés
« par des bancs calcaires compactes, passant du blanc le
« plus pur à toutes les teintes du gris-clair, et d'une puis-
« sance d'une centaine de mètres. » Toutefois ces difficultés n'existent pas pour le département du Doubs, où
l'on voit clairement au-dessous des dolomies portlandiennes les marnes à *Ostrea virgula*.

C'est également à l'état dolomitique et sans fossiles
que l'étage portlandien se montre à l'extrémité méridionale du Jura dans la chaîne des Rousses (1). Il serait
difficile de ne point être frappé de la ressemblance qui
se manifeste entre les diverses régions jurassiennes et
certaines régions provençales. Nous devions la signaler
ici, mais nous déclarons n'accorder qu'une très-mince
importance à un rapprochement de ce genre.

On attribue dans la chaîne du Jura une épaisseur
moyenne de 60 mètres à l'étage valengien ; en admettant
que la puissance de l'étage corallien atteigne dans le
midi de la France comme sur d'autres points une centaine
de mètres, on voit qu'il resterait, ce démembrement une
fois opéré dans nos 400 mètres de calcaires blancs, 200
mètres au moins qui sont logés dans le centre même de la
masse et dans lesquels nous reconnaissons sans hésitation
les équivalents des étages kimméridgien et portlandien,
ce dernier se montrant dolomitique comme dans le Jura.

Pour justifier notre proposition, nous nous appuyons
en outre sur la parfaite concordance qui existe entre la
formation jurassique et la formation crétacée. C'est là
un fait qui ne saurait être contesté, quelque opinion
qu'on adopte d'ailleurs sur la valeur des étages. Puisque
cette concordance existe, je dis que la masse des calcaires blancs, comprise entre les assises coralliennes et
les assises valengiennes, doit représenter nécessairement
le jurassique supérieur, car si celui-ci manquait dans la
Provence, il en résulterait qu'on devrait admettre que
le terrain jurassique aurait été exondé pendant les pé-
riodes kimméridgienne et portlandienne. Dans cette hy-

(1) SAUTIER. *Notice sur les dépôts néocomiens et wealdiens et sur les dolomies
portlandiennes dans les hautes vallées du Jura, aux environs des Rousses.*

pothèse, les premiers dépôts néocomiens, ou le valengien en d'autres termes, recouvriraient, en discordance
de stratification ou transgressivement, les assises coralliennes. Le contraire se vérifie, et de plus, outre cette
affirmation, on peut invoquer la double autorité de la
puissance des masses et de l'analogie du midi avec d'autres contrées. Or, cette question ayant été péremptoire-
ment résolue, il me paraît difficile qu'on puisse dès lors
se soustraire aux exigences de mon raisonnement, et j'ose
prédire que quelque jour, une heureuse découverte,
comme celle de fossiles coralliens et valengiens faite
récemment dans le Var et les Bouches-du-Rhône, viendra
appuyer du témoignage de la paléontologie les déductions qui sont formulées plus haut.

Le problème que je m'efforce de résoudre, et qui est
complétement résolu à mes yeux, est donc du même
ordre que celui qui est discuté dans la note que j'ai ré-
digée dernièrement sur la signification de l'*Avicula contorta* dans la Basse-Provence. On doit se rappeler que
j'avais à défendre la conservation de l'étage du lias inférieur que les géologues du midi avaient reconnu dans les
dolomies placées au-dessous du lias moyen, et dont on
avait prononcé la suppression à l'aide d'arguments pure-
ments négatifs. La découverte de la lumachelle infra-liasique au-dessus des dolomies keupériennes a eu le privi-
lége de fournir une preuve de plus, et celle-ci était décisive, en faveur du mérite d'une classification qui n'en
était pas moins bonne, bien qu'elle ait été primitivement
établie en dehors de l'intervention de l'*Avicula contorta*.

Qu'il me soit permis de citer, en dehors du massif de la
Sainte-Beaume, quelques gisements coralliens. Nous par-
lerons en premier lieu de la découverte de nombreux po-
lipiers et de l'*Hemicidaris crenularis* faite par M. Marion
dans la chaîne de Sainte-Victoire et dans les environs du
Puits-de-Rians. Ces fossiles étaient engagés dans un calcaire blanc superposé aux dernières assises argoviennes
avec *Ammonites plicatilis*.

Nous mentionnerons en deuxième lieu la présence des
Polypiers, des Nérinées et de la *Diceras arietina* dans la
montagne de la Nerthe, précisément sur la ligne des puits

ouverts dans le cerveau du fameux tunnel de la Nerthe. Cette montagne est le prolongement non interrompu de la chaîne de l'Etoile dans laquelle nous avons déjà reconnu le jurassique supérieur, ainsi que les assises kelloviennes, oxfordiennes et coralliennes. Son étude nous a permis de reconnaître non seulement la partie supérieure de l'étage corallien, mais encore les relations de cet étage avec l'oxfordien qui le supporte et avec les étages kimméridgien et portlandien qui le recouvrent.

Pour passer utilement en revue ces divers membres de la série oolithique, il n'y a qu'à suivre le chemin de charrettes qui met en communication la station du Pas-des-Lanciers avec celle de l'Estaque. Aux premiers ressauts rocailleux qui surgissent au-dessus de la plaine, on atteint le calcaire à *Chama ammonia*, que l'on poursuit jusqu'au vallon de la Cloche, où une faille le fait butter contre d'autres calcaires également blancs, mais dans lesquels abondent des polypiers solidement engagés dans la roche. Les premiers bancs fossilifères sont recouverts par des couches puissantes d'un calcaire formé de grosses oolithes irrégulières, de débris de coquilles, qui rappellent, à s'y méprendre, la *Vergène* corallienne des environs de Besançon; au-dessus se développent des assises puissantes d'un calcaire compacte, à cassure cireuse, entièrement pétries de *Diceras arietina*, de *Nerinea Defrancii*, de polypiers, tous fossiles spéciaux au sous-étage *dicératien* des géologues jurassiens, par lequel on est convenu généralement de terminer l'étage corallien.

Dans le vallon de la Cloche, les bancs à dicérates forment également le couronnement de l'étage corallien et ils sont recouverts par un autre calcaire compacte, gris, à cassure lithographique, se distinguant très-nettement par son facies minéralogique des calcaires à Dicéras qui leur sont inférieurs. Ce nouveau système mesure au moins 40 mètres, et on ne saurait guère se refuser, ce me semble, à reconnaître en lui l'équivalent de l'étage kimméridgien.

Le doute serait d'autant moins excusable que le kimméridgien supporte à son tour un nouvel étage composé de dolomies cristallines, d'une épaisseur de plus de 100

mètres, par lesquelles se couronne la formation jurassique et qui se réfèrent par leur position aux dolomies
portlandiennes du Jura; comme dans cette partie de la
chaîne de la Nerthe, les couches sont presque verticales,
il n'y a pas à se méprendre sur la succession des diverses
assises que nous venons de mentionner ni sur le rang
respectif qu'elles occupent. Nous ajouterons de plus que
les calcaires coralliens reposent sur des marnes oxfordiennes avec *Belemnites hastatus, Nautilus hexagonus* et
Ammonites plicatilis.

Les étages corallien, kimméridgien et portlandien, tels
qu'ils viennent d'être définis, se prolongent sans discon-
tinuité dans la chaîne contiguë de l'Etoile; en effet, les
premiers ressauts montagneux, qui surgissent au-dessus
de la station de l'Estaque, sont remplis de polypiers coralliens qui viennent recouvrir entre Marseille et Aix les
dolomies de Notre-Dame-des-Anges. Nous trouvons donc
encore dans ce gisement nouveau la justification la plus
éclatante du remaniement presque complet que nous pro-
posons des terrains secondaires de la Basse-Provence,
et si les faits que l'étude de la contrée a mis à notre disposition, n'ont rien ajouté à la force des preuves que nous
avaient fournies d'autres points, ils présentent du moins
l'avantage d'être plus clairement exprimés dans la chaîne
de la Nerthe que partout ailleurs et de pouvoir être vé-
rifiés avec la plus grande commodité, à cause de la proxi-
mité de Marseille.

On voit en définitive que les découvertes consignées
dans cet écrit réduisent singulièrement l'extension exagérée qui avait été donnée jusqu'ici aux calcaires à *Chama
ammonia* dans la Basse-Provence. Ils y occupent encore
une place honorable, surtout entre Cassis et Marseille,
mais ils ne doivent pas moins restituer aux étages jurassiques moyen et supérieur ainsi qu'aux assises valengiennes, les trois-quarts au moins du périmètre qu'ils
avaient usurpé. Le gisement de la Sainte-Baume est le
gisement le plus septentrional que nous connaissions du
calcaire urgonien; au-delà de ce point, il nous serait
impossible d'en citer un seul lambeau dans les départements du Var et des Bouches-du-Rhône.

Les détails qui précèdent simplifient beaucoup notre besogne ainsi que la description que nous avons à fournir du jurassique supérieur. Ainsi qu'on en jugera mieux par l'inspection de la coupe générale que nous donnons plus loin, on voit que le calcaire corallien et que les étages kimméridgien et portlandien forment de chaque côté des crêtes dominantes de la Sainte-Baume deux bandes parallèles, dont l'une, la méridionale, s'appuie par renversement sur les assises valengiennes et se fait remarquer par le grand développement des calcaires qui envahit, à partir des crêtes du Saint-Pilon où règnent les *Chama ammonia*, l'espace qui s'étend jusqu'aux alentours de Riboux où les assises coralliennes se trouvent interrompues par une faille et viennent se placer contre les dolomies keupériennes. Si cette extension exagérée des calcaires, presque tous de couleur blanche, et dont les dolomies portlandiennes troublent seules l'uniformité, produit au premier aspect une confusion dont il semble difficile de triompher, elle s'explique néanmoins par cette considération que, par l'absence complète de tout élément marneux sur les flancs qui penchent vers la Méditerranée, puisque les étages du lias et de l'oolithe inférieure y font complètement défaut, les étages urgonien, valengien, portlandien, kimméridgien et corallien y sont seuls représentés et que ces derniers sont tous de composition calcaire.

Aussi, la physionomie de cette partie de la chaîne, qui s'abaisse en pente ménagée jusque sur la route de Toulon, contraste-t-elle d'une manière frappante avec l'âpre physionomie de la bande septentrionale, qui présente une série de grands abruptes, et dont les calcaires à hippurites, le lias moyen et le cornbrash, roches très-solides, constituent les divers gradins superposés, auxquels servent de base des talus à éléments marneux.

Ce n'est qu'après avoir dépassé le Pas-de-Peyruis, et lorsqu'on a atteint les premières rampes de la chaîne de la Lare, que l'on retrouve les calcaires blancs qui appartiennent aux étages corallien, kimméridgien et portlandien, et l'on peut dire que la Lare, à part un lambeau d'oxfordien déjà signalé près de Vrognon, en est presque

entièrement constituée ; mais les couches y éprouvent des
interruptions et des contournements si fréquents et si
rapprochés, grâce aux failles et aux pressions qui ont agi
sur elles, qu'il devient presque impossible d'y lire un
ordre régulier de superposition, et qu'on passe successivement des calcaires à cassure cireuse à des dolomies,
des dolomies à des calcaires lithographiques, qui semblent alterner à plusieurs reprises et n'appartenir qu'à
un système unique. Cependant, lorsqu'on examine les
choses de plus près, on ne tarde pas à s'apercevoir que
l'ensemble se laisse diviser en plusieurs étages distincts;
que les dolomies, par exemple, recouvrent les calcaires
cireux, et que ceux-ci renferment des fossiles, rares il
est vrai, mais dont quelques-uns se détachent en relief
sur les surfaces exposées aux injures de l'air, et dans lesquels j'ai pu recueillir des polypiers, l'*Apiocrinus Roissyi*,
le *Cidaris Blumenbachii* et l'*Hemicidaris crenularis*.

Comme ces calcaires fossilifères, appartenant à l'étage
corallien, sont en liaison intime avec des calcaires grisâtres, et ces derniers avec des dolomies, il n'y a pas de
doute que nous retrouvons dans la Lare les mêmes horizons que dans la chaîne de la Nerthe, avec cette seule
différence que, dans la première, les failles établissent
une récurrence d'étages qui, si l'étendue qu'ils occupent
était partagée proportionnellement au nombre de ces
mêmes horizons, donnerait à chacun d'eux, c'est-à-dire
au corallien, au kimméridgien et au portlandien, une
puissance de plusieurs mille mètres. Mais, outre que
l'observation directe permet de constater le plus grand
grand nombre de ces failles, on trouverait encore le
moyen de se prémunir contre les erreurs de ce genre
dans l'existence d'un filon très-puissant de chaux carbonatée laminaire, qui est subordonné aux dolomies portlandiennes, et que l'on recoupe depuis le Vrognon jusqu'au
Pas-de-Peyruis, bien que la route que l'on suit soit tracée
perpendiculairement à la direction des couches. Ce filon
a été exploité pour le service d'une verrerie voisine, et
les points attaqués offrent d'excellents points de repère,
grâce auxquels il est permis de voir, non point trois ou
quatre filons superposés et parallèles, mais dans chaque

affleurement un tronçon du même filon porté, par les dénivellations survenues postérieurement à son dépôt, à
des niveaux différents.

On a ouvert sur les flancs méridionaux de la Sainte-
Beaume, au dessus de Riboux, une carrière de marbre
au milieu du corallien. Ce marbre, qui prend très-bien le
poli, est blanchâtre, nuancé de veines rougeâtres, et a
une tendance à revêtir la structure bréchiforme. On y
aperçoit des polypiers passés à l'état saccharoïde. Il est
à noter que, sur ce versant, comme la montagne entière
est complètement renversée, le corallien C (fig. 6) s'ap-

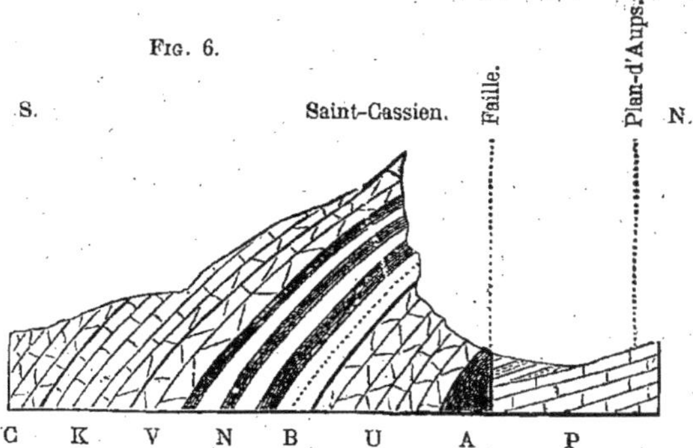

C Etage corallien. — K Etages kimméridgien et portlandien. — V Etage valengien avec
Strombus Sautieri. — N Etage néocomien avec *Ostrea Couloni.* — B Etage barrémien.
— U Etage urgonien avec *Chama ammonia.* — A Etage aptien avec *Ostrea aquila.* —
S Etage santonien avec *Ostrea proboscidea.* — P Etage provencien (calcaire à Hip-
purites).

puie sur la lèvre de faille qui la sépare du terrain triasique, et qu'il est directement assis au-dessus du calcaire
kimméridgien K, comme celui-ci l'est au-dessus de l'étage
portlandien, et ainsi de suite jusqu'à l'étage le plus moderne de cette partie de la chaîne; l'étage aptien A, qui
est obligé de supporter, par suite du renversement opéré,
toute la série descendante, contrairement à ce qui s'observe dans les régions où les bancs, lors de leur soulève-

ment, n'ont pas été redressés au-delà de la verticale. La chaîne de la Sainte-Beaume, comme on le voit, reproduit exactement l'accident orographique de la chaîne des Voirons, où l'ordre de superposition se trouve aussi complètement interverti.

Pour nous résumer sur la composition de la formation jurassique qui se développe autour du massif de la Sainte-Beaume, nous dirons qu'elle s'y laisse diviser en le même nombre d'étages que dans le nord de l'Europe, et qu'on peut même, dans ces divers étages, reconnaître le plus grand nombre des subdivisions admises à la suite des études entreprises dans les contrées regardées avec raison comme classiques.

CHAPITRE III

FORMATION CRÉTACÉE

Les divisions que nos études personnelles nous ont amené à admettre, dans la formation crétacée, s'établissent de la manière suivante :

I. Craie inférieure.	A. Etage	valengien avec *Strombus Sautieri*.
	B. —	néocomien avec *Ostrea Couloni*.
	C. —	barrémien avec *Scaphites Yvani*.
	D. —	urgonien avec *Chama ammonia*.
	E. —	aptien avec *Belemnites semicanaliculatus*.

II. Craie moyenne...

A. Etage albien avec *Ammonites Beudanti*.
B. — rhotomagien avec *Turrilites costatus*.
C. — gardonien avec lignites.
D. — carentonien avec *Ostrea biauriculata*.
E. — angoumien avec *Radiolites cornu-pastoris*.
F. — mornasien avec *Trigonia scabra*.
G. — provencien avec *Hippurites organisans*.

III. Craie supérieure.

A. Etage coniacien avec *Ostrea auricularis*.
B. — santonien avec *Micraster brevis*.
C. — campanien avec *Ostrea vesicularis*.
D. — dordonien avec *Sphærulites cylindraceus*.

§ I. — Groupe de craie inférieure.

Le groupe de la craie inférieure est représenté en entier dans le massif de la Sainte-Beaume, comme il l'est également dans le reste de la Basse-Provence.

L'étage valengien, ainsi que nous l'avons expliqué plus haut, se lie d'une manière si intime avec les assises portlandiennes, surtout quand celles-ci sont de nature calcaire, qu'il devient impossible d'en opérer la séparation. Il consiste presque toujours en un calcaire blanchâtre, à cassure cireuse ou à texture finement subsaccharoïde, formant des bancs épais, et ne renfermant des fossiles, déterminables du moins, que dans sa partie la plus supérieure, celle qui touche à l'étage néocomien proprement dit, et qui consiste en des calcaires marneux se détachant en couches irrégulières et minces. C'est justement à ce niveau que l'on recueille le *Strombus Sautieri*, qui atteint une très-grande taille, et d'autres bivalves qui n'ont pas encore été déterminées.

Nous avons déjà eu l'occasion de citer, comme localité célèbre, la station fossilifère des environs du hameau de la Treille, et que traverse le sentier qui conduit à Garlaban. Le *Strombus Sautieri* a été découvert tout récemment aussi, par M. Roux, dans le vallon de Valbarelle, près de Saint-Loup, banlieue de Marseille. Dans l'année 1862, je le signalais au-dessous des marnes néocomiennes, dans la carrière du Bon-Voyage, à la limite des deux communes de Nice et de la Trinité.

On rencontre le valengien sur le versant méridional de la Sainte-Beaume, en suivant le sentier des Pélerins, qui, de Cuges ou de Riboux, conduit au Saint-Pilon, à six ou sept cents mètres environ au-dessous des crêtes terminales. Mais pour bien saisir sa position, il convient de reconnaître préalablement l'étage néocomien, dont la grande abondance de ses fossiles trahit l'existence. Cette vérification une fois faite, on n'a qu'à suivre les limites des bancs fossilifères et des calcaires compactes qui leur sont juxtaposés, pour retrouver l'horizon de la Treille et de Valbarelle, c'est-à-dire les bancs à *Strombus Sautieri*, et ces horizons se prolongent sous le pic de Saint-Cassien et sous les aiguilles qui se lient au Baou de Bretagne. Ajoutons toutefois qu'il est très-difficile de se mouvoir au milieu de ces montagnes, que défendent des fondrières et des précipices béants de toutes parts. C'est par voie d'escalade qu'il convient d'opérer ; mais ce procédé n'est pas à la convenance de tout le monde.

Il serait téméraire d'avancer quelque chose d'exact touchant l'épaisseur du valengien, à cause de la difficulté de le séparer des assises portlandiennes. On peut même dire que, sans la présence du *Strombus Sautieri*, l'étage passerait certainement inaperçu, car ce gastéropode touche presque immédiatement aux bancs à *Ostrea Couloni*.

Le néocomien proprement dit des géologues français, celui qui correspond aux marnes d'Hauterive, se laisse reconnaître avec la plus grande facilité à deux caractères

qui, dans la Basse-Provence, se montrent persistants et
permettent de le distinguer presque à première vue :
c'est d'abord la nature marneuse de ses roches, qui, sen-
sibles aux attaques atmosphériques, s'émiettent à la surface et dessinent, au milieu des calcaires plus résistants
du valengien et du barrémien, au sein desquels elles sont
enclavées, des dépressions ou des combes qui courent
parallèlement à la direction générale des montagnes ;
c'est ensuite la grande abondance de fossiles qu'on y rencontre, et dont les plus répandus sont les *Ammonites As-
tierianus* d'Orb., *A. clypeiformis* Orb., *Natica Hugardiana*
Orb., *N. bulimoides* Orb., *Pleurotomaria Lefrancii* Math.,
Ptorocera Pelagi Orb., *Panopea rostrata* Orb., *P. Voltzii*
Orb., *P. Massiliensis* Orb., *Anatina carinata* Orb., *Astarte
Beaumonti* Leym., *Corbis corrugata* Orb., *Lima gallo-provincialis* Math., *Avicula Allaudensis* Math., *Hinnites Leyme-
rii* Desh., *Janira atava* Orb., *Spondylus striato-costatus*
Orb., *Ostrea Couloni* Orb., *O. macroptera* Sow., *Rhynchonella depressa* Orb., *Terebratula pseudo-jurensis* Leym.,
T. prælonga Sow., *Toxaster complanatus* Agas. C'est le
même type de néocomien que l'on observe dans les environs d'Allauch, près de Marseille, et dont M. Matheron a
figuré la plupart des fossiles qu'il renferme. Dans le massif de la Sainte-Baume, toujours à cause du renversement des couches déjà signalé, il se trouve recouvert
anormalement par l'étage valengien. Il affleure à peu de
distance du Saint-Pilon, et de là il vient presque raser le
sommet de Saint-Cassien, pour disparaître plus loin sous
l'étage provencien, dans les alentours de Fontfroide. Sa
puissance ne peut être évaluée à moins de 80 mètres.

En dehors de la Sainte-Baume, le néocomien reparaît
dans les environs de Marseille, à Perrouvier, au nord
d'Aix, ainsi que dans les montagnes des Alpines, où j'ai
recueilli le *Crioceras Duvalii*. Toutefois, il est à remarquer
que, malgré un grand nombre de fossiles communs avec
les Basses-Alpes, on n'a jamais réussi jusqu'ici à rencontrer, dans la Provence littorale, les Belemnites plates. La
Belemnites subfusiformis, qu'on a prise à tort pour la *Belemnitella mucronata*, n'est pas rare dans la commune de
Meyrargues, et au Pertuis de Mirabeau, entre Peyrolles et
Saint-Paul-les-Durance.

Aux marnes néocomiennes dont nous venons de parler succèdent des calcaires blancs à cassure lithographique, et qui, jusque dans ces derniers temps, ont été confondus avec les assises à *Chama ammonia*, auxquels ils se lient par des passages ménagés. Dans un travail déjà cité (1), nous avons cherché à établir que, dans cette grande masse de calcaires purs, sans mélange de marnes et d'argiles, dont la massivité des formes ainsi que l'aridité prêtait aux paysages du littoral une physionomie propre, il fallait distinguer deux étages distincts : le plus inférieur, entièrement dépourvu de *Chama ammonia*, mais caractérisé par la présence des *Scaphites Yvanii* Puzos, et renfermant des rognons tuberculeux de silex blond ou blanchâtre, et le supérieur, pétri de *Chama ammonia*, fossile qui a donné son nom à l'étage, et que dans tout le Midi on voit former la base des marnes aptiennes ou à *Plicatules*. Nous avons dû conserver à ce dernier la dénomination d'étage urgonien imposé par A. d'Orbigny, et nous avons donné celle de *Barrémien* aux couches qui renferment le *Scaphites Yvanii*, et qui, dans les environs de la petite ville de Barrême, sont remarquables par les singuliers céphalopodes qu'elles contiennent.

L'étage barrémien ne nous a présenté aucun corps organisé dans la Sainte-Beaume, par la double raison que les fossiles y sont très-rares et que son accès est très-difficile. Il n'en est pas ainsi du calcaire urgonien, qui, malgré sa compacité, est entièrement rempli de *Chama ammonia*, qu'on ne peut dégager de la roche, il est vrai, mais dont la présence est dévoilée par les linéaments représentant le test, qui a été remplacé par de la chaux carbonatée spathique.

Le calcaire à *Chama*, depuis le Baou de Bretagne jusqu'aux alentours des glacières, constitue les crêtes rocheuses de la Sainte-Beaume, et surtout les abruptes verticaux qui font face au nord. Renversé, comme la chaîne entière, jusqu'au-delà du Saint-Pilon, il tend, à partir

(1) H. COQUAND. *Sur la convenance d'établir, dans le groupe inférieur de la formation crétacée, un nouvel étage. — Mém. de la Soc. d'Emulation de la Provence*, t. I.

de ce point remarquable, à se relever insensiblement au-dessus de la gorge du Béton, où il atteint la verticalité qu'il conserve jusqu'au promontoire du Baou de Bretagne, et qui se prolonge même au-delà de l'abbaye ruinée de Saint-Pons, dans le département des Bouches-du-Rhône.

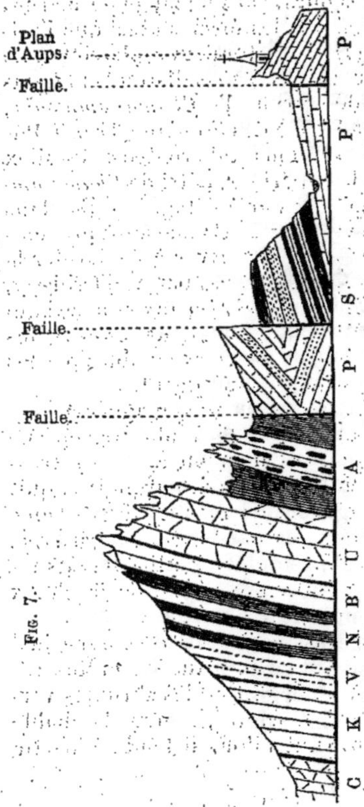

Fig. 7.

Plan d'Aups. — Faille. — Faille. — Faille.

C' Etage corallien. — K Etages kimméridgien et portlandien. — V Etage valengien. — N Etage néocomien. — B Etage barrémien. — U Etage urgonien. — A Etage aptien. — P' Etage provencien. — S Etage santonien.

La fig. 6, passant par Saint-Cassien, indique très-bien la disposition renversée des divers étages que nous venons de décrire, tandis que la fig. 7, prise dans le voisinage du Baou de Bretagne, montre leur redressement vertical seulement. C'est au milieu du calcaire à *Chama* U que l'on remarque la célèbre grotte de la Sainte-Beaume, objet de vénération de la part des populations provençales, mais qui, au point de vue purement géologique, est loin d'avoir l'importance que lui a attaché la légende.

L'étage aptien A, qui succède aux calcaires à *Chama ammonia* forme, au-dessous des escarpements septentrionaux, une bande disposée en trois gradins, que les pins ont recouverte d'une végétation vigoureuse, et dont l'aspect, par la même, contraste avec les crêtes dépouillées de la chaîne. Ce changement est dû à la nature argileuse de la roche, dont la désagrégation donne naissance à un sol sur lequel les plantes peuvent attacher leurs racines et se développer. L'aptien est constitué par des masses assez considérables d'argiles bleuâtres et de calcaires marneux gris, très-délitables, séparés par un sous-étage d'un calcaire jaunâtre, compacte, rempli de rognons de silex bruns très-rapprochés les uns des autres, et que l'on trouve épars à la surface des terres, par suite de la décomposition ou de l'éboulement des terrains.

Ce nerf calcaire, qui, en face de la Brasque, est redressé verticalement, comme tout le système d'ailleurs dont il fait partie, se fait remarquer par une série d'arêtes tranchantes, découpées en pyramides ou en dents de scie, que l'on voit se dresser sous forme de murailles taillées à pic, et se maintenir debout et entièrement dégagées sur leurs deux faces, au-dessus des dépressions occupées par l'élément marneux.

Les fossiles que nous y avons recueillis sont les suivants : *Belemnites semicanaliculatus* Blainv., *Ammonites Martini* Orb., *A. fissicostatus* Phill., *A. Dufrenoyi* Orb. *Ancyloceras Matheroni* Orb., *Panopæa Prevosti* Orb., *Plicatula ? lacunea* Lam., *Lima Massiliensis* Orb., *Janira Morrisi* Pict. et Ren., *Trigonia ornata* Orb., *Astarte obovata* Sow., *Corbis corrugata* Sow., *Ostrea aquila* Orb., *Terebratula sella* Sow., *Rhynchonella Bertheloti* Orb., *Pseudodiama Malbosi* Cott., etc.

Les argiles aptiennes, très-bien développées entre le Baou de Bretagne et la gorge du Beton, où elles s'élèvent jusqu'à mi-hauteur des escarpements verticaux, perdent de leur importance en face de Giniez et disparaissent presque dans la forêt impériale. Au-dessous de Saint-Cassien, où le renversement des couches est complet, elle apparaissent à peine, et sur ce point on les voit supporter, quoique étant l'étage le plus moderne, la série complète des autres étages néocomiens et jurassiques (fig. 6 et 7).

Les divers terrains que nous venons de passer en revue

constituent à eux seuls, et pour ainsi dire à l'exclusion de tous autres, la chaîne de la Sainte-Beaume proprement dite, c'est-à-dire la ride saillante qui domine le Plan-d'Aups, et forme la série d'escarpements qui rendent la montagne inaccessible par le nord. A partir du terrain triasique jusqu'à l'aptien inclusivement, tous les étages s'y trouvent représentés d'une manière complète. La grande faille, qui a déterminé, sur la longueur presque entière de la chaîne, leur renversement complet, et, sur son extrémité occidentale, leur redressement vertical, a eu pour résultat le surgissement de la formation jurassique et de la craie inférieure, qui sont venues butter directement contre les calcaires à Hippurites (étage provencien), sans l'intermédiaire des autres étages de la craie moyenne.

Ainsi, la faille qui court de Cuges à Signes a été la charnière autour de laquelle s'est effectué le surgissement de la chaîne. Les couches amenées à la verticale jusqu'au-dessus de Giniez, ont obéi, à partir de ce point, à un mouvement en sens opposé, qui a déterminé un renversement complet, de manière à intervertir l'ordre de superposition normale et à placer les plus modernes au-dessus des plus anciennes. Or, comme l'inclinaison observée entre le Saint-Pilon et les Glacières est de 30 degrés en moyenne, il s'ensuit que, pour prendre cette position renversée, les couches ont dû décrire un angle de 120 degrés. Les fig. 6 et 7, prises, la première dans la montagne de Saint-Cassien, et la seconde entre Giniez et le Baou de Bretagne, interprètent exactement les faits mentionnés ci-dessus, et mettent en relief les accidents les plus remarquables de la contrée.

§ II. — Groupe de la craie moyenne.

La craie moyenne, que, dans les régions voisines et pour ainsi dire contiguës de Cassis, de la Ciotat, du Beausset, de Saint-Cyr, nous voyons constituée par les étages albien, rhotomagien, carentonien, angoumien, mornasien et provencien, n'est représentée, dans tout le

massif et sur le pourtour de la Sainte-Beaume , que par
les calcaires à Hippurites, qui, il faut le reconnaître, y
occupent une place très-considérable. Les nombreuses
failles qui dépècent la contrée à chaque pas et dénivel-
lent les couches, n'ont laissé apparaître que la partie supérieure de la craie moyenne et la craie blanche (étage
santonien), sur lesquels il nous reste à parler. Quant aux
horizons des *Trigonia scabra*, des *Radiolites cornu-pastoris*,
des *Ostrea columba*, des *Sphærulites foliaceus*, des *Ammonites rhotomagensis*, *Scaphites æqualis*, il convient de les
réclamer au dehors de la chaîne.

L'étage provencien, comme cela est connu de tous les
géologues, constitue la partie supérieure de la craie
moyenne (étage turonien d'A. d'Orbigny), et il est caractérisé par un nombre prodigieux de rudistes, principalement par les *Hippurites cornu-vaccinium, H. organisans,
H. dilatatus, Sphærulites Desmoulinsi, S. Sauvagesi, Caprina Coquandi, C. Aguilloni*, etc. Partout où l'étage se
montre, ces diverses coquilles y forment des récifs auxquels se mêlent des Nérinées, des Actéonnelles et des
polypiers. Les localités de la Cadière, de Mazaugues, de
Roussargues, des Martigues, sont devenues célèbres en
Provence ; on peut y ajouter la commune du Plan-d'Aups.

Naturellement, ce ne sera que de cette dernière que
nous aurons à parler ici, puisqu'elle fait partie du massif
que nous décrivons. Toutefois, il convient de faire observer que la craie moyenne et supérieure n'y est déve-
loppée que sur les pentes septentrionales, les flancs méridionaux qui s'inclinent vers la Méditerranée n'étant
occupés, comme cela a été démontré dans les pages précédentes, que par la formation triasique et jurassique et
par les étages dépendant du terrain néocomien. Le groupe
de la craie moyenne est loin, par conséquent, de présenter les caractères de continuité que nous avons eu occasion de constater pour le groupe inférieur.

En effet, quand on étudie la craie dans les communes
de Cassis, de Martigues, du Beausset et de Mornas (Vaucluse), on remarque au-dessus des marnes aptiennes à
Belemnites semicanaliculatus, d'abord le gault généralement formé par des argiles noirâtres ou des grès verdâ-

tres, que caractérisent les *Ammonites inflatus* et *Inocé-ramus sulcatus* : c'est l'étage albien d'A. d'Orbigny.

2° Des amas de combustible d'origine fluvio-lacustre exploités dans les communes de Mondragon, de Saint-Julien-de-Peyroulas, de Saint-Paulet, et dont j'ai fait le type de mon étage gardonien.

3° Des marnes et des calcaires avec *Ostrea biauriculata*, *O. columba* et *O. flabellata*, *Sphærulites foliaceus*, *Caprina adversa*, etc. (étage carentonien).

4° Des calcaires compacts avec *Radiolites cornu-pastoris* (étage angoumien).

5° Des sables atteignant 200 mètres d'épaisseur au moins, entre Saint-Cyr et Céreste, et caractérisés par la *Trigonia scabra*; ils comprennent les fameux grès d'Uchaux (étage mornasien).

6° Enfin, un système fort puissant de calcaires compactes, avec quelques bancs de grès subordonnés, remplis de rudistes et surtout d'*Hippurites organisans* (étage provencien).

Ce dernier étage, dont on rencontre les premiers affleurements en face même des carrières de gypse de Gémenos, est composé de couches alternantes de calcaire compacte et de calcaire marneux, qui sont redressées jusqu'à la verticale, occupent le col du Baou de Bretagne, étranglées à l'est par les marnes aptiennes qui se plaquent sur les flancs de la Sainte-Beaume, et à l'ouest par la chaîne jurassique de Roque-Fourcado. De là il se répand dans la plaine du Plan-d'Aups par le défilé de la Brasque, où l'inclinaison des bancs est assez régulière et ne dépasse pas 16 degrés en moyenne; mais avant d'arriver à ce point, c'est-à-dire vers les limites des départements du Var et des Bouches-du-Rhône, et précisément sous le pic de Bretagne, non-seulement les couches se redressent et atteignent même la verticale, mais encore elles ont été pliées en U, et sur quelques points même elles ont été complètement renversées, de telle sorte que, vers le col (fig. 8), on voit, sur le chemin charretier, les lignites santoniens S, recouverts et surplombés par les calcaires à Hippurites P. Ces derniers éprouvent, dans le chaînon opposé au Baou de Bretagne, et connu sous le nom de

Plaine-des-Vaches, un plissement en sens contraire, et reproduisant la disposition en forme de chevrons qui

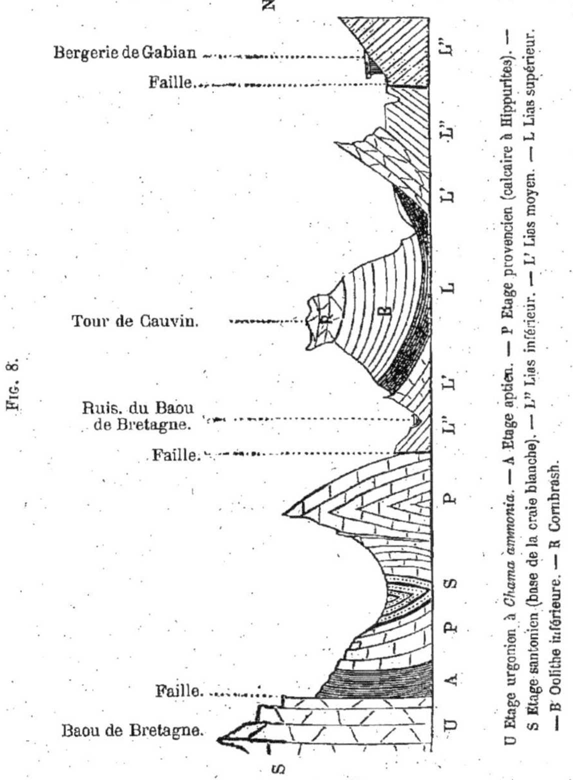

rendent si intéressantes les coupes du terrain houiller d'Anzin.

L'étage provencien, que la teinte blanche de ses calcaires et les rudistes qu'il renferme suffisent pour caractériser avec sécurité, envahit la plaine du Plan-d'Aups, vallée plate, sans écoulement, dont les eaux, pendant la saison des pluies, se rendent dans un gouffre appelé la Tourne, ouvert au milieu des calcaires, entre l'Hôtellerie et Saint-Jaume. De là il s'avance dans la commune de Mazaugues par le col des Glacières, occupe la forêt de Saint-Jullien, et vient expirer au-delà de Candelon, dans les environs de Brignoles.

Sa composition est loin d'offrir l'uniformité des autres étages des formations jurassique et crétacée que nous avons déjà décrites. On observe à sa base des bancs fort épais d'un calcaire grisâtre ou rougeâtre, traversé dans tous les sens par des veines irrégulières de chaux carbonatée blanche, lesquels sont exploités comme marbre, et dont la principale carrière a été ouverte dans le voisinage du village du Plan-d'Aups. L'église paroissiale est bâtie sur leur prolongement. Ce marbre, dit de la Sainte-Beaume, est d'un effet assez agréable; il reçoit un poli inégal, à cause des enduits marneux qui s'interposent au milieu des blocs et en altèrent la solidité.

On rencontre ensuite des calcaires compactes, gris, ou bien des calcaires marno-argileux, dans lesquels les polypiers et les Hippurites se présentent sous la forme de rognons plus solides, qui, lorsque le rocher tend à se désagréger, sont épars à la surface, en constituant un sol pierreux. Puis viennent des grès grossiers, peu cohérents, se convertissant avec facilité en sables argilo-quartzeux, susceptibles de fournir des éléments propres à la fabrication du mortier. Les carrières exploitées à l'est de la ferme de Giniez en offrent un développement très-considérable. On peut en étudier aussi quelques affleurements dans le voisinage de la ferme d'Emeric. Enfin, il existe une variété de calcaire jaunâtre, remplie de débris d'encrines à cassure miroitantes, dont l'aspect rappelle, au premier coup d'œil, le calcaire à entroques de la Franche-Comté. Les rocs qui dominent la ferme de Giniez en présentent un bon exemple. Mais quelque caractère extérieur que la composition minéralogique imprime à l'étage, on ne saurait hésiter un seul instant sur la place qu'il convient de lui assigner dans la série stratigraphique; car le grand nombre d'Hippurites qu'il contient permet de le reconnaître sans autre étude préalable.

Vers la fin du xviiie siècle, lorsque le jayet jouissait d'une grande faveur dans le commerce pour la fabrication des bijoux de deuil, l'attention de quelques industriels fut éveillée par la découverte faite dans la commune du Plan-d'Aups de quelques affleurements de cette substance. Il existe effectivement, entre la glacière de Saint-Jaume et la ferme de la Brasque, un peu au-dessus du ruisseau des Incarnaux, dans un banc marneux subordonné aux calcaires à *Hippurites organisans*, des traces de combustible de mauvaise qualité, consistant principalement en un jayet dispersé sous forme de rognons aplatis, qu'une compagnie allemande exploita. Il subsiste encore, des travaux entrepris, des haldes et plusieurs excavations éboulées, qui ont pour toit et pour mur des bancs liltéralement pétris d'*Hippurites organisans* et *cornu-vaccinum*. Le jayet contient dans sa masse des grains de succin jaunâtre et transparent, qui ont résisté à la décomposition et qui ne sont pas rares au milieu des déblais. On y remarque aussi de nombreux fragments d'une huître à valves minces et lisses, dont il serait assez difficiles de déterminer l'espèce.

Bien que les bancs charbonneux dont nous parlons ici soient complètement dépourvus d'intérêt industriel, leur constatation à ce niveau mérite d'être remarquée; car ils commencent la série des combustibles fossiles qui abondent dans les départements du Var et des Bouches-du-Rhône, et dont les exploitations importantes de Gréasque et de Fuveau alimentent depuis tant d'années les usines de Marseille, et aujourd'hui en partie les bâtiments à vapeur de la marine impériale. Dans le paragraphe suivant, réservé au groupe de la craie supérieure, nous établirons que l'étage santonien, celui qui correspond incontestablement à la craie de Villedieu et en contient tous les fossiles, est également une véritable formation lignitifère inférieure à celle de Fuveau. Or, si les recherches récentes entreprises par M. Matheron ont pour résultat d'établir que cette dernière est, à son tour, inférieure au niveau du calcaire de Rilly, des environs de Paris, et qu'elle correspond réellement à la craie blanche de Meudon, il sera démontré que, dans la Basse-Provence, la craie supérieure est représentée par un système très-puissant de couches fluvio-lacustres, renfermant une faune variée et jusqu'ici sans analogue dans les terrains du même âge des autres parties de l'Europe. Il y a loin, comme on le voit, entre ces idées nouvelles suggérées par les saines études de la paléontologie et les idées de ceux qui, au nom du principe mal compris et mal interprété de la stratigraphie, persistent à maintenir cette craie à faciès tout particulier dans la catégorie de l'étage tertiaire moyen.

Si, à un point de vue général, la craie moyenne, à cause de son isolément par rapport aux autres étages du groupe, n'offre qu'un intérêt secondaire dans la commune du Plan-d'Aups, il n'en est point ainsi sous celui des accidents orographiques, dont elle a conservé l'empreinte.

Les figures 6 et 7 (pages 71 et 78) nous ont montré les couches aptiennes A complètement renversées et supportant la série néocomienne, ainsi que la série jurassique, et celles-ci venant à leur tour se heurter par faille contre les calcaires provenciens P, qui, au-dessus de Giniez et surtout dans la gorge du Beton, sont repliées sur eux-mêmes et rabattues en forme de V. Aussi, examinés de la ferme ou de l'Hôtellerie, les flancs de la montagne qui bordent le Plan-d'Aups de l'est à l'ouest, montrent une succession remarquable de couches emboîtées les unes dans les autres sous un angle très-aigu. Une deuxième faille, placée à quelque distance et parallèle, a forcé l'étage santonien S de se plaquer contre les calcaires à Hippurites P. Quand on a dépassé le ruisseau qui conduit les eaux au gouffre de la Tourne, ces mêmes calcaires P se dégagent du dessous des bancs les plus inférieurs de l'étage santonien, et établissent de l'autre côté de la vallée un bourrelet peu élevé. Mais, avant d'atteindre les hauteurs de Saint-Jaume, une nouvelle rupture interrompt les allures régulières de la stratification générale et en change brusquement l'inclinaison. Aussi les couches, au lieu de plonger vers le sud, comme dans la plaine, plongent vers le nord, en dessinant, au-dessus de la Grande-Bastide, un rempart à parois escarpées.

La figure 9, qui représente une section prise entre le
Plan-d'Aups et le chemin de la Sainte-Beaume à Auriol,

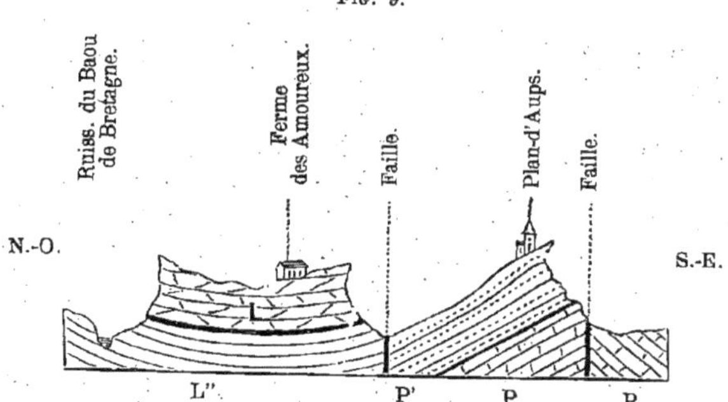

Fɪɢ. 9.

L" Lias inférieur. — L Lias moyen. — P Calcaire à Hippurites (étage provencien).

montre encore un exemple frappant des dénivellations
opérées à la suite des failles dans les montages que nous
décrivons. On y voit, en effet, d'un côté la faille qui établit la plaine d'avec l'ourlet qui la borne au nord, et sur
lequel est construite l'église de Saint-Jaume, et d'un autre
côté, c'est-à-dire au nord-ouest de la commune, la faille
qui met en contact immédiat les calcaires à Hippurites P
avec le système liasique L" et L' dans le voisinage de la
ferme des Amoureux. Il serait facile de multiplier la re-
production d'accidents analogues. Nous nous contente-

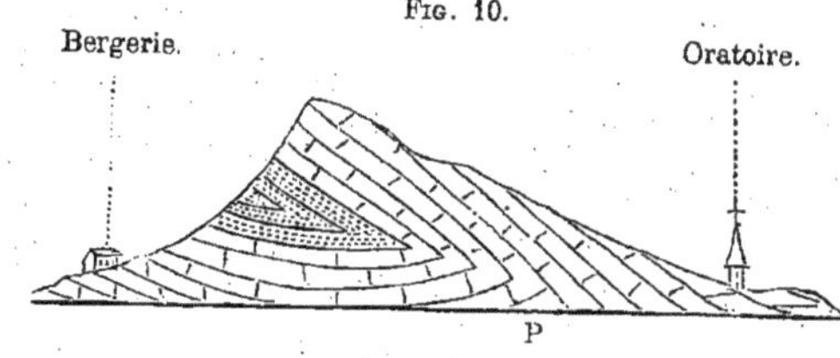

Fɪɢ. 10.

rons, pour en finir, de représenter le plissement remarquable de couches (fig. 10) que les calcaires à Hippurites P

éprouvent à l'ouest de l'oratoire que l'on rencontre, lorsque, arrivant de la Grande-Bastide, on met le pied dans la plaine du Plan-d'Aups.

Pour retrouver le calcaire à Hippurites en dehors des points que nous venons de décrire, il est indispensable de franchir, sur le versant nord de la commune du Plan-d'Aups, une large bande de terrain occupée par les divers étages de la formation jurassique, et qui s'étend entre la Grande-Bastide et le Pas-de-Peyruis. Avant d'arriver à cette dernière station, on traverse un défilé ouvert au milieu du lias moyen et des dolomies liasiques qui aboutit dans un vallon étroit occupé par l'étage provencien. On trouve d'abord, s'appuyant contre le lias et ayant la même inclinaison que lui, un système assez puissant de grès sableux et d'argiles dans lesquels abondent les *Hippurites organisans*, et qu'on avait fouillés sur divers points pour la recherche du combustible fossile; puis une alternance de calcaires compactes et de calcaires marneux qui se succèdent jusqu'au-delà d'un second défilé qui peut être considéré comme la porte de la chaîne de la Lare. Ces calcaires sont encore provenciens, car ils sont pétris de rudistes, et surtout d'*Hippurites organisans* et *cornu-vaccinum*, de *Sphærulites Desmoulinsii*, dont on peut faire une ample provision au-dessous de la ferme, à quelque distance du point où le pont franchit le torrent.

Le système crétacé se trouve, dans la Lare même, en contact avec les calcaires blancs appartenant au jurassique supérieur; mais il est difficile, à cause de la ressemblance des roches, de voir clairement de quelle manière s'opère le contact. Les choses sont plus nettement exprimées vers les affleurements liasiques. Une faille énergiquement accusée sépare brusquement les bancs à Hippurites des dolomies du lias inférieur.

En suivant cette bande crétacée dans la direction d'Auriol, on est conduit sur les fameux gisements à rudistes de Carpiane et de Roussargues, qui vous accompagnent jusqu'au voisinage des exploitations de lignites de Vèdes; mais comme leur étude ne présenterait aucune particularité nouvelle, il serait sans utilité de leur accorder une place dans notre description.

Toutefois, il nous reste le devoir, avant d'abandonner le paragraphe relatif à la craie moyenne, d'en mentionner un lambeau qui est pincé dans un pli du jurassique supérieur, dans le cœur même de la chaîne de la Lare, en face des ruines de Vrognon. Il consiste en quelques bancs de calcaire grumeleux rempli d'*Hippurites organisans* et recouverts par quelques assises de sable et de grès rougeâtre qui rappellent leurs analogues de Giniez et occupent la même position. En gravissant la côte qui replace le chemin de Saint-Zacharie à la Sainte-Beaume, sur la berge gauche du ruisseau la Rivière, on voit très-distinctement les calcaires jurassiques se relever vers les lèvres de la faille qui a amené le placage de l'étage provencien que mentionnent ces lignes.

Nous devons ajouter que c'est aussi dans le calcaire à Hippurites et généralement dans sa partie inférieure que se trouvent les gisements de ce minerai singulier, décrit sous le nom de Bauxite, et qui consiste en des pisolithes de volume variable, engagées dans une pâte argileuse très-riche en alumine. Le peroxyde de fer qui colore ces masses y entre quelquefois dans une assez forte proportion pour donner naissance à un véritable minerai de fer; mais ce n'est là qu'un accident, et on doit considérer le Bauxite comme un hydrate d'alumine que la riche teneur en cette terre rend très-propre à la fabrication de l'aluminium. Elle forme au milieu des calcaires à Hippurites quelques amas subordonnés, d'une étendue assez limitée, dus à l'intervention des sources thermo-minérales. On en observe quelques dépôts dans les alentours de Carpiane, à l'ouest du Plan-d'Aups et sur les flancs de la Lare, en face des exploitations de Vèdes.

On voit, en résumé, que dans le massif de la Sainte-Baume la craie moyenne n'est représentée que par un seul de ces termes qui en est le plus élevé, c'est-à-dire par le calcaire à Hippurites qui correspond à notre étage provencien.

§ III. — Groupe de la craie moyenne.

S'il est un fait solidement établi dans l'histoire de la formation crétacée, c'est que dans le sud-ouest et le sud-est de la France, la craie dite de Villedieu et que caractérisent, dans les Deux-Charentes ainsi que dans la Provence, les *Ostrea auricularis*, *Micraster brevis*, *Spondylus truncatus*, *Rhynchonella vespertilio*, *Ammonites polyopsis*, est séparée très-nettement de la craie moyenne (étage turonien d'A. d'Orbigny) par la superposition d'abord et en second lieu par une différence radicale dans les faunes respectives.

A Cognac même, les assises les plus élevées de l'étage provencien et dont les *Hippurites organisans*, *H. cornu-vaccinum*, *Sphærulites Sauvagesi* semblent avoir formé, pour ainsi dire, à eux seuls la charpente solide, se trouvent séparés de la craie de Villedieu par des bancs puissants de grès et de sable dans lesquels abonde l'*Ostrea coniacensis* Coq. Que ces sables, dont j'ai fait mon étage coniacien, soient considérés comme un étage distinct ou comme la base de mon étage santonien (craie de Villedieu), cette divergence d'opinion ne saurait atteindre en aucune façon l'indépendance que je signale entre les calcaires à Hippurites et les assises à *Rhynchonella vespertilio*. Quant aux géologues qui comprennent dans la craie marneuse : 1° les assises à *Inoceramus labiatus*; 2° la craie de Touraine, qui comprend une portion de la craie à *Ostrea columba* et la craie à *Ammonites papalis*; 3° la craie de Villedieu proprement dite; 4° la craie à *Micraster cor-testudinarium* (*M. brevis*), et 5° la craie à *Micraster cor-anguinum*, il est évident qu'ils introduisent dans cette division, qui, pour eux, est parallèle à mon étage santonien : 1° la partie supérieure de mon étage carentonien (assises à *Inoceramus labiatus* et *Terebratella carentonensis*) très-bien représentée, et à la place qui lui est assignée ailleurs, dans la colline d'Angoulême, dans la Provence et en Afrique ; 2° mon étage angoumien à *Radiolites lumbricalis*, *R. cornu-pastoris*, *Sphærulites ponsianus*, *Ammonites papalis, A. Deverianus*, etc.; 3° mon étage mornasien (grès d'Uchaux) avec *Ammonites Requieni*, *Trigonia scabra*; 4° mon étage provencien (calcaire à Hippurites), dont il serait difficile de trouver l'équivalent dans le bassin de Paris; 5° mon étage coniacien, et 6° enfin mon étage santonien. Comme toute classification est une affaire d'opinion personnelle, j'aurais mauvaise grâce de blâmer les autres, de donner de trop longues enjambées aux accolades qui enserrent leurs étages, quand on me reproche de les supprimer pour ceux que j'ai créés.

J'ai parcouru avec beaucoup de soin et sous un maître habile, M. Triger, la craie de la Sarthe et de la Touraine. J'avoue que les divisions, qui comprennent la craie de Rouen et les grès verts du Maine ainsi que la craie micacée qui renferme les *Ammonites papalis, peramplus* et *Deveriæ*, le *Radiolites cornu-pastoris*, se vérifient avec une identité parfaite et dans le même ordre, je veux parler des faunes seulement, que celles qu'on a adoptées pour la craie du midi de la France et des Deux-Charentes. Mais à partir de ce point, je dois reconnaître que les analogies cessent ou ne sont plus comparables, à moins qu'on ne veuille voir dans un ou deux bancs de tuffau sableux d'une puissance insignifiante et placés au-dessus de la craie à *Ammonites Deverianus* et au-dessous des assises à *Rhynchonella vespertilio*, l'équivalent de nos calcaires à Hippurites (étage provencien); ce que je suis loin de contester.

On conviendra toutefois qu'il faudrait compter avec les épaisseurs et avec les fossiles, et que ce serait faire acte de partialité manifeste en faveur de la craie du nord, en supprimant des étages, par la raison seule qu'ils ne s'y trouveraient pas représentés ou qu'ils n'y existeraient qu'à l'état rudimentaire, et en biffant d'un trait de plume les quatre cents mètres des grès d'Uchaux et du calcaire à Hippurites du Midi; ou en les confondant avec la craie micacée de la Touraine, tandis qu'ils s'en séparent si franchement dans toute la Provence et par la faune et par le caractère minéralogique. Pourquoi ne pas convenir, puisque tout y convie, que l'étage turonien de d'Orbigny se laisse diviser en deux parties, dont l'inférieure est aussi bien représentée dans le midi que dans la Touraine, et dont la supérieure l'est exclusivement dans la première région? Or, si cette partie supérieure possède une faune distincte de l'autre, quel inconvénient trouverait-on à les distinguer chacune par un nom spécial, en distinguant, comme je l'ai fait, un étage angoumien et un étage provencien, là où la distinction est impérieusement commandée par la force des choses. Quelque respect qu'ils professent pour l'autorité des savants qui prétendent placer dans la craie marneuse du nord toute la craie supérieure à la craie glauconieuse (étage carentonien), je doute fort que les géologues du midi consentent jamais à ne voir qu'un seul étage dans une épaisseur qui dépasse mille mètres, et à confondre dans leurs collections ce que la nature a séparé avec tant de soin, à réunir, par exemple, l'*Ammonites polyopsis* avec l'*A. Deverianus*, le *Radiolites cornu-pastoris* avec l'*Hippurites cornu vaccinum*, la *Trigonia scabra* avec le *Spondylus truncatus*.

En agir ainsi, ce serait sauter à pieds joints sur toutes les convenances et violer les principes les plus élémentaires de la géologie. Il n'entrera certainement jamais dans l'esprit de ceux qui ont étudié avec attention la craie du midi de paralléliser les calcaires à *Radiolites cornu-pastoris* avec les calcaires à *Hippurites organisans*, lorsqu'on les voit séparés les uns des autres par les grès et la faune d'Uchaux, et d'admettre que ceux-ci sont à leur tour contemporains de la zone à *Radiolites fissicostatus*, quand ils se montrent toujours dans des niveaux distincts. Or, comme les mêmes auteurs sont aussi du sentiment d'attribuer à la craie de Villedieu toute la craie d'Algérie qui lui est réellement supérieure et que nous avons rapportée à la craie blanche de Meudon, il s'ensuivrait, comme conséquence naturelle de leur opinion, si elle était partagée, la nécessité d'y rattacher pareillement les terrains à lignite d'origine lacustre de Fuveau, que M. Matheron identifie, avec raison, à cette même craie blanche, et qui, dans la Charente comme en Afrique, constitue mon étage campanien.

Nous aurions alors dans le midi une craie de Villedieu de plus de 2000 mètres de puissance, à laquelle on ne reprochera ni la pauvreté de la faune, ni sa variété, et moins encore la bigarrure des éléments minéralogiques dont elle serait constituée. Interpréter les étages de cette façon, c'est vouloir ressusciter le défunt calcaire alpin, et comprendre sous une dénomination unique la réunion de plusieurs étages distincts. Cette simplication dans la terminologie deviendrait plus commode peut-être, mais, à coup sûr, elle ne serait pas philosophique et aurait contre elle la force de la chose jugée, puisque la méthode dont elle dériverait, s'écarterait complètement de la méthode adoptée jusqu'ici pour la classification des terrains, telle que la pratiquent toutes les écoles géologiques pour les terrains de transition et pour les terrains jurassiques.

Ceci posé, revenons à notre craie supérieure de la Provence. Elle y est représentée par plusieurs dépôts dont les plus importants sont ceux des communes du Plan-d'Aups, de la Cadière, du Castellet et du Martigues. On peut y ajouter les gisements de lignites de Piolenc dans le département de Vaucluse qui appartiennent également à la craie de Villedieu et qui ont à leur base un puissant dépôt de grès ferrugineux, rappelant par leur position au-dessus des calcaires à Hippurites, les grès de Cognac et de Richemont et renfermant comme eux l'*Ostrea auricularis*. Ces grès correspondent donc à mon étage coniacien, par lequel débute la craie supérieure. Mais c'est à l'étage supérieur à ces grès, à l'étage santonien, qu'il convient de recourir pour saisir les lieux qui rattachent au nord le sud-ouest et le sud-est de la France, et ces dernières régions à la chaîne de l'Atlas. Aucune localité n'est plus heureusement constituée que le Plan-d'Aups pour éclairer cette importante question. On pourrait lui opposer peut-être la craie de Gosau, dont les caractères pétrographiques et les fossiles rappellent, à s'y méprendre, le type santonien de la Sainte-Beaume; mais le couronnement de l'édifice nous paraît manquer à Gosau, tandis qu'il est tout trouvé dans les lignites des vallées de l'Arc et de l'Huveaune.

Une circonstance fort heureuse pour la science, et dont je dois m'applaudir dans l'intérêt des idées théoriques que je soutiens, a voulu qu'après des essais, rendus jusqu'en ces derniers temps stériles par des causes qu'il est inutile de mentionner, M. Chauwin soit parvenu, à travers mille obstacles, à rendre le mouvement et la vie à une concession qui, tour à tour délaissée ou objet de travaux très-coûteux, semblait condamnée à un chômage indéfini. Grâce aussi à des circonstances particulières, j'ai été appelé à donner des conseils sur le mode le plus convenable à adopter pour l'exploitation des bancs lignitifères, et c'est sur mes indications qu'ont été entrepris les travaux importants qui s'exécutent en ce moment dans le voisinage de Giniez. La question était avant tout, pour moi, une question géologique, et elle ne pouvait être résolue que par une étude scrupuleuse du terrain et de ses relations avec les autres formations de la série. Sept couches de combustible ont été déjà reconnues dans l'épaisseur de l'étage santonien. Les détails qui vont suivre feront connaître leur composition et leurs allures; mais il est utile d'être fixé auparavant sur la consistance même de l'étage, ainsi que sur la manière dont il se comporte par rapport au groupe de la craie moyenne.

L'étage santonien a succédé immédiatement à l'étage provencien, et son dépôt s'est effectué dans des conditions tout à fait différentes. En effet, après l'accumulation des grandes masses calcaires remplies de rudistes, et qui représentent, pendant cette période la mer crétacée, de véritables récifs, les conditions de sédimentation et de vitalité ont éprouvé des modifications radicales, à la suite desquelles des grès et des argiles ont remplacé le carbonate de chaux, et une faune presque exclusivement composée de gastéropodes et de lamellibranches, à peine représentés dans l'étage provencien, s'est subtituée à la légion de rudistes qui avait peuplé ce dernier.

Les premières assises santoniennes ont été déposées dans une mer peu profonde, comme il est facile de le conjecturer d'après le genres de coquilles qu'elles recèlent, et dont leurs congéneres d'aujourd'hui choisissent une station littorale. Cet ancien littoral, par suite de mouvements lents, a dû se transformer graduellement en estuaire, car, à un certain niveau, des bancs d'origine franchement marine sont surmontés par d'autres bancs, dans lesquels on remarque le mélange de coquilles marines et de coquilles fluviatiles, telles que des *Cardium*, des *Turritella*, des *Cyrena*, des *Unio* et des *Melanopsis*. Enfin, au déclin de la période, le dépôt s'est exclusivement effectué au sein des eaux douces, des mollusques lacustres y ayant seuls laissé leurs dépouilles. C'est à partir de ce point qu'a commencé, dans le midi de la France, au milieu d'immenses lacs, cette accumulation de lignites, de calcaires, d'argiles et de gypse, qui ne s'est arrêtée qu'au niveau des faluns de la Touraine, et qui embrasse le temps énorme qui a dû s'écouler depuis les premiers dépôts de la craie supérieure (craie de Villedieu), jusqu'aux dernières couches du calcaire de la Beauce et de l'Orléanais. L'épaisseur totale de cet important système dépasse 2,000 mètres ; et ce nouveau wealdien, qui correspond à la craie marneuse et à la craie blanche de Meudon, ne peut être évaluée à moins de 400 à 500 mètres.

Ainsi que le montrent les fig. 8 et 9, l'étage santonien se trouve subordonné aux calcaires provenciens, dont il se montre le satellite fidèle, et qu'il accompagne dans toute l'étendue de la plaine du Plan-d'Aups jusqu'au-delà des glacières de Fontfroide, en dessinant, au-dessous des escarpements septentrionaux de la Sainte-Beaume, une bande dont la largeur est variable suivant les points où on l'observe, mais qui, en moyenne, peut être évaluée à 700 ou 800 mètres. Son maximum d'extension, grâce à un renflement qu'il éprouve, se remarque aux alentours de la vieille glacière du Plan-d'Aups, où il atteint, s'il ne le dépasse, mille mètres. Au-delà de la glacière et près de la ferme de la Brasque, il s'engage dans le fameux défilé du Baou de Bretagne, où il subit une réduction considérable, qui tient à ce qu'il a participé aux accidents qui ont affecté l'étage provencien. Ces accidents consistent, comme cela a été déjà expliqué, en ce que les couches ont été repliées sur elles-mêmes en forme de V, exactement de la même manière qu'un livre que l'on fermerait aux trois quarts, et que l'on maintiendrait ensuite debout en le plaçant sur le dos.

Ce refoulement, qui a exposé les étages provencien et santonien à une sorte de laminage et à un ploiement des couches les unes contre les autres, a eu pour résultat d'amener de chaque côté du défilé le retour des mêmes bancs, de sorte qu'à partir de l'axe où le plus récent est appliqué contre lui-même, et à mesure qu'on s'écarte de de cet axe dans une direction opposée, on obtient une coupe composée d'éléments identiques et symétriquement disposés. Voilà comment, dans l'exploitation qui a fouillé cette partie tourmentée de la concession, le banc, qui était le toit de la couche de charbon dans une des branches du V, a dû en devenir le mur dans la branche opposée.

Mais, dans la plaine même du Plan-d'Aups, c'est-à-dire depuis la Brasque jusqu'au-delà de l'Hôtellerie-des-Pères, sur un parcours de plus de trois kilomètres, la stratification prend des allures normales; l'inclinaison, qui est constamment vers le sud, est comprise entre 12 et 20 degrés. Aussi est-ce dans cette région qu'ont été concentrés tous les travaux de l'exploitation nouvelle, car c'était là qu'il était rationel de demander à la concession le dernier mot de son importance industrielle.

L'étage santonien débute, au-dessus des calcaires à Hippurites P (fig. 11), par des argiles noirâtres S et bitumineuses, qui sont dépourvues de fossiles, et dont la puissance ne dépasse pas 15 mètres : elles sont surmontées, dans les alentours de la glacière, par une couche de combustible dont les affleurements se trahissent dans un petit ruisseau qui débouche dans le torrent des Incarnaux; au-dessus se développe un système assez puissant (20 mètres environ) d'un calcaire de couleur fuligineuse, alternant avec des marnes bleuâtres se délitant facilement à l'air, et disposé en couches courtes, à surface raboteuse. Ce calcaire est, à proprement parler, une lumachelle dans laquelle les coquilles occupent plus de place que la pâte qui les retient, et dont le test conservé blanc contraste vivement avec le fond noirâtre de la roche. Les champs qui s'étendent autour des fermes de Godeville et de Toulonnette sont littéralement composés de fragments de ces coquilles, provenant de la désagrégation de la lumachelle.

De là les bancs marins se répandent vers la Brasque au pied de laquelle on rencontre un banc fort épais de calcaires Sa, formé en entier par l'*Ostrea acutirostris*; puis des argiles grisâtres, avec lignite, et enfin une banc calcaire Sb, de couleur foncée, par lequel se termine la portion franchement marine de l'étage, et où abonde la *Turritella Coquandi*. C'est en dessus de cet horizon si bien indiqué par ce fossile que se fait sentir l'intervention des eaux saumâtres et la transformation graduelle des dépôts marins en dépôts lacustres; mais le passage s'opère par des transitions si bien ménagées qu'il devient impossible de préciser avec exactitude le point où finissent les uns et où commencent les autres. Quelques huîtres à test nacré et des *Cardium* associés à des Unios et à des Cyrènes indiquent seulement les limites de l'ancien estuaire et l'envahissement progressif par des lagunes et par des lacs des parages occupés primitivement par la mer : au-dessus tout caractère d'origine marine est affacé complètement, et on n'a plus affaire qu'à des sédiments d'eau douce et à une faune exclusivement lacustre.

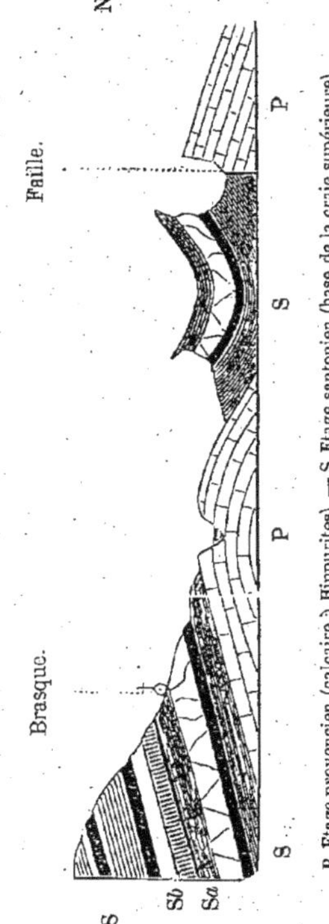

L'étage santonien est limité à sa partie inférieure par le ruisseau de la Tourne jusqu'à sa rencontre avec la voie ferrée qui amène le charbon de la gorge du Beton à une estacade construite sur le calcaire à Hippurites; de là il s'allonge sous forme d'une bande plus étroite, parallèle aux escarpements de la Sainte-Beaume, qui se continue jusque dans le voisinage des glacières de Fontfroide. Le chemin qui met en communication l'Hôtellerie avec la grotte recoupe, à l'entrée même de la forêt, une barre calcaire dans laquelle on reconnaît la lumachelle du Plan et de Godeville ainsi que le mur de la couche Rosalie.

Pour bien préciser l'âge géologique de notre étage et le rang qu'il doit occuper dans la série stratigraphique, il nous reste à mentionner les fossiles qu'on y rencontre. Nous devons faire observer toutefois que la liste que nous en donnons est fort incomplète, car elle ne comprend pas une foule d'espèces nouvelles recueillies par nous et par M. Matheron et que ce savant se propose de publier bientôt dans un travail qu'il rédige sur les terrains tertiaires de la Provence et sur le dépôt fluvio-lacustre de Fuveau, qu'il considère comme l'équivalent de la craie blanche de Meudon.

Ammonites polyopsis Dujardin.
Voluta Renauxiana Orbigny.
— *pyruloides* Matheron.
* *Acteonella involuta* Coquand.
* *Rostellaria costata* Sowerby.
* *Turritella Coquandi* Orbigny.
— *difficilis* Orbigny.
— *Bauga* Orbigny.
— *funiculata* Matheron.
— *Renauxiana* Matheron.
Nerinea pulchella Orbigny.
Ostrea acutirostris Nilsson (*O. gallo-provincialis* Mat.)
— *Santonensis* Ordigny.
— *spinosa* Coquand (*O. Matheroni* Orbigny).
* — *proboscidea* Archiac.
— *Talmontiana* Archiac.
Vulsella Turonensis Dujardin.
Spondylus Coquandi Orbigny.
* *Crassatella macrodonta* Sowerby (*C. gallo-provincialis* Matheron).
— *orbicularis* Matheron.

* *Trigonia inornata* Orbigny.
* *Janira quadricostata* Orbigny.
* *Lima ovata* Roëmer.
  Pinna bicarinata Matheron.
  Mytilus subquadratus Matheron.
  Perna Marticensis Matheron.
  Avicula pulchella Matheron.
  Inoceramus siliqua Matheron.
  Arca lœvis Matheron.
  — *alata* Matheron.
  Cardium Cordierianum Matheron.
    — *Itierianum* Matheron.
    — *Villeneuvianum* Matheron.
  Venus Martiniana Matheron.
  Lucina numismalis Matheron.
  Pholadomya rostrata Matheron.
  Solen elegans Matheron.
  Terebratula Nanclasi Coquand.
  Sphærulites Coquandi Bayle.
  Dipilidia semisulcata Matheron (Moule intérieur de la
    S. Coquandi).
* *Trochosmilia bipartita* Reuss.
* *Cyclolites scutellum* Reuss.

Ce qu'on ne saurait méconnaître, c'est l'analogie de composition que l'étage santonien présente avec les couches du même âge de Gosau, dont nous avons eu l'occasion d'examiner une collection de fossiles. Non seulement on y remarque une foule d'espèces communes qui, dans la liste transcrite ci-dessus sont marquées d'un astérisque, mais encore tout, dans les moindres détails du test et même dans la couleur et dans la nature de la roche, indique lors du dépôt des premières couches de la craie supérieure dans les deux régions que nous comparons, l'intervention de circonstances identiques. Aussi, bien que la localité de Gosau nous soit complétement inconnue, nous n'hésitons pas un seul instant à déclarer synchroniques et à rapporter au même horizon deux formations que caractérisent tant d'espèces communes.

La description qui précède a eu pour objet de nous faire

connaître l'étage santonien de la Sainte-Beaume dans ce
qu'il peut présenter de général. Pour procéder aux études
de détail, il est utile de pénétrer dans les travaux d'exploitation entrepris par M. Chauvin dans le centre même
du bassin, là, par conséquent, où les recherches étaient
le plus rationnelles, et là, aussi, où le système atteint
son maximum de puissance et sa plus grande régularité.
Pour cela nous n'avons qu'à relever la coupe des puits et
des galeries qui ont eu pour mission la reconnaissance et
l'exploitation du combustible fossile.

Le puits n° 1, foncé presque en face de la gorge du
Beton, a entamé la portion moyenne de l'étage, c'est-à-
dire, les assises lacustres. Il est placé à mi-distance à
peu près de la base de la formation que l'on a reconnue
par deux fendues et de la faille qui limite au sud la formation lignitifère et la fait butter contre les calcaires à
Hippurites (Voir la fig. 9).

Voici le détail des couches traversées :

	Mètres.
Argiles et marnes noirâtres	12,00
Fer carbonaté en bancs réguliers séparés par un nerf d'argile	3,10
Argile bitumineuse	1,25
CHARBON, 1re couche	0,25
Argiles, marnes endurcies et marnes tendres	5,30
CHARBON, 2me couche	0,60
Marnes bitumineuses	1,25
CHARBON, 3me couche	0,85
Marnes et calcaires alternants	12,79
CHARBON, 4me couche	0,35
Calcaire et marnes	1,00
CHARBON, 5me couche	1,00
Marnes.	
TOTAL	39,74

C'est dans cet ensemble de couches qu'ont vécu la
Neritina Brongniartina Math., des *Melanopsis* inédites, la
Cyrena globosa Math., l'*Unio Toulouzani* Math., et d'autres
espèces fluvio-lacustres que M. Matheron se propose de
publier incessamment.

Le puits n° 2, à part quelques variations insignifiantes,

dues à la prédominance des éléments argileux dans cette partie de la formation, a traversé le même système de couches que le puits n° 1, dont il est éloigné de 200 à 300 mètres dans la direction de l'ouest. Il doit traverser la cinquième couche de charbon à la profondeur de 51 mètres 50 cent.

Le charbon reconnu appartient à la classe des lignites piciformes; mais il diffère de celui de Fuveau par sa position d'abord, puisqu'il est plus ancien, ainsi que par son aspect. Il est d'abord très-résistant et possède un clivage facile dans le sens parallèle à la surface des bancs. Sa division, dans un sens perpendiculaire, ne s'obtient qu'avec difficulté, et il présente alors une cassure brillante, conchoïde et une alternance de minces filets de charbon scintillant et de charbon terne. Les premiers jouissent de la propriété de se boursouffler et de fournir du coke léger. Une légère patine d'argile qui s'interpose souvent entre les feuillets donne aux masses extraites un œil mat qui d'ailleurs est sans influence sur leur qualité. Il n'en est plus ainsi lorsque des nerfs d'argile se substituent aux portions utiles et en diminuent par conséquent la puissance; mais ce sont là des accidents secondaires avec lesquels toutes les mines sont obligées de compter. On trouve par places des masses d'un lignite laminaire très-pur, et qui peut soutenir la comparaison avec les meilleures houilles.

Au-dessus du puits n° 1, et en remontant un ravin perpendiculaire à la direction de la plaine, on observe quelques affleurements charbonneux qui n'ont point été encore fouillés, et que recouvrent des bancs assez puissants d'un grès blanchâtre, à grains de quartz assez petits et ressemblant à un véritable grès de terrain houiller. Il renferme des ossements de reptiles. On trouve également des bancs très épais d'un calcaire bréchiforme très-résistant, et contenant une quantité prodigieuse de pisolithes brunes à couches concentriques, dont quelques-unes atteignent la grosseur d'une noix. Des alternances d'argiles noirâtres, mais masquées le plus souvent par des éboulis, conduisent jusqu'à une barre calcaire de deux

7

mètres de puissance, par laquelle paraît se terminer, dans le Plan-d'Aups, l'étage santonien. Cette barre est encore d'origine lacustre et se trouve presque en contact avec la lèvre de la faille qui a surélevé l'étage provencien.

Une particularité assez intéressante à noter, et qui rappelle encore une des conditions habituelles du terrain houiller, consiste en la présence de bancs de fer carbonaté lithoïde, que le puits n° 1 recoupe à son niveau supérieur, et qui constituent, dans toute l'étendue du bassin, un horizon constant. Ce même fer se rencontre aussi sous forme de rognons noyés au milieu des argiles. Sans la forte proportion de silice qu'il contient, et qui s'élève de 19 à 21 pour 100, il constituerait un minerai susceptible d'être utilisé dans les hauts-fourneaux de Marseille. Le fer carbonaté, dans les parties non atteintes encore par la décomposition est de couleur grise, à grains très-fins et serrés, et pourrait être confondu, sans son poids, avec un calcaire subsaccharoïde; mais les parties rapprochées de la surface se transforment insensiblement en hydrate de fer de couleur ocracée, en dessinant, autour d'un noyau central qui s'est conservé intact, des zones concentriques qui indiquent les progrès successifs de l'altération. Les fragments de moindre volume, exposés depuis longtemps aux injures de l'air, gisent sur le sol, sous forme de galets plats complètement convertis en hydrate. Ce minerai contient quelquefois des *Melanopsis*, dont le test est très-bien conservé.

Comme les premiers travaux exécutés dans les environs de Giniez ont été d'abord de simples recherches, et qu'une simple locomobile a répondu suffisamment aux besoins de l'entreprise dans les débuts, il n'a pas été possible de dépasser une profondeur donnée, à cause de la difficulté de se débarrasser des eaux et des matériaux. On a donc été obligé de réclamer le secours des machines à vapeur pour assurer le service permanent et régulier de la mine. On a profité du temps qu'il a fallu donner à leur construction et à leur installation pour attaquer, au-dessous des points reconnus par les puits, les affleurements qui se montraient dans la partie inférieure de de l'étage santonien , c'est-à-dire dans les bancs d'origine marine. Les premiers indices, qui, d'après l'inclinaison calculée des couches, doivent se trouver de 16 à 20 mètres au-dessous de la couche de charbon n° 5, et que le puits n° 2 doit atteindre à la profondeur de 67 mètres, sont recouverts par une barre formée d'un calcaire jaunâtre, éclatant à l'air en fragments irréguliers, et séparé du charbon par un faux toit argileux, qui n'est autre chose qu'un gâteau pétri de coquilles marines écrasées, parmi lesquelles on remarque la *Turritella Coquandi*, des *Ostrea* et des *Cardium*, associés à des *Melanopsis* et à des *Unio*. Le charbon qui a été reconnu dans une descenderie, qui, à l'époque où je l'ai visitée, avait dépassé 30 mètres, s'est montré dans toute l'étendue de la couche d'une qualité parfaite. C'était un lignite fort brillant, laminaire, très-solide, ne donnant jamais de menu à l'abattage, et dont la puissance oscillait entre 0ᵐ45 et 0ᵐ50.

Deux échantillons choisis sur les tas, et représentant les qualités extrêmes, ont fourni à l'analyse qu'en a faite M. Bouquet, essayeur du commerce, les résultats suivants :

	N° 1.	N° 2.
Matières volatiles..	45,00	45,00
Carbone..........	49,00	39,50
Cendres	6,00	15,50
	100,00	100,00
Puissance calorifique	5410 calories.	4352 calories.

Le n° 1 peut soutenir la comparaison avec les meilleures houilles sèches, et comme elles il brûle avec une flamme longue, en laissant très-peu de résidu.

Dans le faux toit, on remarque par places quelques feuillets marno-bitumineux qui renferment des noyaux de succin ou ambre d'une couleur jaune de miel très-franche et d'une très-grande pureté. La descenderie pratiquée dans les affleurements dont nous parlons s'appelle la fendue Rosalie. Le charbon a pour mur un calcaire noirâtre tellement résistant, qu'on est obligé de le faire sauter à la poudre. C'est une véritable lumachelle presque exclusivement formée par les *Cardium Villeneuvianum* et *Ilieria-*

num, dont le test, d'une blancheur irréprochable, se détache vivement sur le fond noirâtre de la roche. Outre ces deux espèces, on y trouve aussi la *Voluta pyruloides*, la *Crassatella macrodonta*, la *Sphærulites Coquandi*, des Cyclolites ainsi que des Unio. C'est là un point véritablement bien choisi pour constater le mélange des coquilles fluviatiles et des coquilles marines, ainsi que la substitution des eaux douces aux eaux salées, sous lesquelles ont été déposées toutes les assises qui sont placées au-dessous.

Une seconde fendue, la fendue Coquand, ouverte à 15 mètres environ au-dessous de la fendue Rosalie, a fouillé l'affleurement le plus inférieur qui soit connu dans la concession. Dans les débuts des travaux, la couche charbonneuse se présenta avec une puissance de 1 mètre 40; mais il y avait réunion d'une couche bitumineuse contenant des troncs et des branches d'arbres conservant encore leur forme ligneuse et transformés en jayet, et d'un banc de lignite. La première a disparu après quelques mètres d'avancement, et le lignite a conservé une puissance moyenne de 80 à 90 centimètres jusqu'à la rencontre d'un rejet qui a dénivelé la couche. Au-delà de l'accident, elle a repris ses premières allures. C'est à ce niveau et dans les argiles qui accompagnent le combustible que se trouve le gisement de l'*Ostrea acutirostris*. Cette espèce y est répandue avec profusion, et on peut en recueillir de nombreux exemplaires dans les déblais d'une ancienne fouille contiguë à la fendue Coquand.

Existe-t-il d'autres couches de charbon au-dessous de ce point? Il serait difficile de rien préjuger sur cette question, à cause de l'impossibilité de connaître la nature du sous-sol qui se trouve étouffé sous un épais manteau de roches et de terres éboulées. Dans tous les cas, comme on observe sur les bords même du ruisseau de la Tourne le calcaire à *Hippurites organisans* supportant en concordance de stratification les premières assises santoniennes, celles-ci ne seraient distantes des argiles à *Ostrea acutirostris* que d'une trentaine de mètres. C'est donc d'après des éléments à peu près certains que nous pouvons estimer la puissance de l'étage santonien et constater les changements qui se sont opérés dans le milieu où s'est effectué le dépôt des matériaux dont il est composé.

Ainsi la partie la plus inférieure qui est d'origine marine est occupée par des argiles, des calcaires et des lignites dans lesquels abondent une quantité innombrable de fossiles dont les plus communs sont les *Ostrea acutirostris* et *Turritella Coquandi*. Cette dernière espèce paraît établir la limite exacte entre les couches déposées au sein des mers et les couches déposées dans les eaux douces. Son épaisseur est de 70 mètres environ.

La partie moyenne que caractérisent des assises de nature plus argileuse, le fer carbonaté et la présence d'*Unio*, de *Melanopsis* et de 5 couches de charbon, a une puissance moyenne de 80 mètres.

Enfin la partie supérieure qui, comme la précédente, est d'origine fluvio-lacustre, est constituée par des argiles, des grès et des calcaires dépourvus de lignites. Son épaisseur ne paraît pas être inférieure à 75 mètres.

Ce qui donne à l'étage entier une puissance de 250 mètres environ.

Voici de quelle manière se répartissent les couches de combustible fossile dans l'ensemble du système, en procédant de haut en bas :

1° Dans la portion d'origine lacustre :

	Mètres.	
Couche n° 1	0,25	
Couche n° 2	0,60	
Couche n° 3	0,85	3,05
Couche n° 4	0,35	
Couche n° 5	1,00	

2° Dans la partie d'origine marine :

	Mètres.	
Couche de la fendue Rosalie	0,45	
Couche de la fendue Coquand	0,85	1,30

Epaisseur totale du charbon. . . . 4^{m}35

Nous avons déjà eu l'occasion, en décrivant la formation jurassique, de signaler, à l'ouest de la commune du Plan-d'Aups, l'existence d'un bourrelet montagneux occupé par les étages du lias et de l'oolithe inférieure

qui sépare le terrain crétacé de la Sainte-Beaume de celui
de la commune d'Auriol. On franchit ce bourrelet par un
col connu dans la contrée par le nom de Collet-Blanc, et
au-delà on pénètre dans le vallon de Roussargues où l'on
se trouve de nouveau en face des calcaires provenciens
que surmontent les assises santoniennes, lesquelles contiennent les fossiles qui nous sont déjà connus et notamment la *Turritella Coquandi*. Mais ce nouveau gisement
est loin de prendre le développement que nous ont montré
les environs de Giniez. Il consiste en une bande étroite
qui suit les contours de la chaîne jurassique contre laquelle elle est adossée, et qui expire dans le voisinage des
exploitations de Vèdes.

L'étage santonien, dont nous venons de décrire les particularités les plus intéressantes, a revêtu dans la commune du Plan-d'Aups, un facies particulier qui paraît
s'être reproduit avec tous ses détails dans l'Allemagne.
Gosau surtout est un type de ressemblance parfait. En dehors de la St-Beaume, il conserve une grande partie de ses
caractères dans la commune de la Cadière et du Castellet.
On exploite à la Cadière un lignite qui possède les qualités
de celui du plan d'Aups et qui se montre supérieur aux
bancs à *Ostrea acutirostris* et *Turritella Coquandi*. On y
observe également une lumachelle ferrugineuse avec mélange de fossiles marins et de fossiles d'eau douce, qui
indique dans le régime des eaux les mêmes modifications
que nous avons déjà eu l'occasion de signaler. Seulement
la faune marine s'y enrichit de quelques espèces qui n'ont
pas été signalées au Plan-d'Aups, et entre autres du *Micraster brevis* et du *Spondylus spinosus*.

La craie santonienne des environs des Martigues présente, entre le hameau des Mèdes et la ville, les mêmes
particularités que dans les régions précédentes, c'est-à-
dire au-dessus des calcaires à *Hippurites organisans*, les
marnes bitumineuses, mais sans charbon, avec *Ostrea
acutirostris* et *Turritella Coquandi* et le passage le mieux
ménagé entre celles-ci et le système supérieur de Fuveau
avec *Corbicula gardanensis*. Les *Spondylus truncatus*, *Terebratula Nanclasi* Coq., *Radiolites fissicostatus*, *Vulsella Turo-*

nensis, etc., rendent plus complète encore l'analogie de cette craie avec celle de Villedieu. On peut y ajouter le *Pseudodiadema Marticense* décrit tout récemment par M. Cotteau et que cet habile paléontologue attribue à tort à l'étage turonien.

Ces erreurs qu'on serait mal avisé de reprocher aux savants qui, condamnés par la nature même de leurs travaux à une existence sédentaire, ne peuvent consacrer aux courses le temps que réclament la rédaction et les comparaisons, nous démontrent de plus en plus l'inconvénient, quand on écrit sur un terrain en général, de vouloir tout rapporter à un type unique, sans tenir compte des types plus complets qui sont représentés ailleurs. Or, je soutiens que, pour la craie moyenne et pour la craie supérieure, il est indispensable de recourir aux terrains du midi si on prétend arriver à une délimitation exacte des étages.

Pour en finir avec la base de la craie supérieure, nous avons une dernière citation à produire. Elle s'applique aux environs de la Provence entre Marseille et Fuveau, dont il a été souvent question dans divers écrits. C'est dans ce quartier et surtout dans la commune voisine de Peynier que l'on peut se former une idée juste de l'importance du terrain à lignites de Fuveau et surtout de son passage insensible au terrain santonien. Ce dernier s'y montre à l'état presque rudimentaire, mais il n'y est pas moins représenté, et on serait presque tenté de les confondre l'un avec l'autre sans l'épaisseur que celui-ci atteint au Plan d'Aups et à Martigues et surtout sans les différences radicales qui se manifestent entre les deux faunes.

Si les convenances ne m'interdisaient de faire une excursion sur le terrain à lignites de Fuveau dont les recherches récentes de M. Matheron font le patrimoine légitime de ce savant, il serait facile d'établir que ce terrain, par l'ensemble de ses caractères, par ses nombreuses couches de charbon, par sa faune, se rattache bien plus étroitement aux assises supérieures de l'étage santonien qui lui servent de base qu'aux calcaires qui le recouvrent

et dans lesquels M. Matheron voit l'équivalent des calcaires de Rilly des environs de Paris.

Puisque les assises marines à *Spondylus truncatus* du
midi de la France et les assises lignitifères du Plan-d'Aups
sont bien réellement, et on ne saurait le contester, analogues à la craie de Villedieu et celle-ci constituant la base
de la craie blanche, il s'ensuit que les lignites de Fuveau,
à leur tour, placés comme ils le sont, entre cette même
base et le calcaire de Rilly, occupent la même place que
la craie blanche de Paris ; mais comme ils sont de formation très-douce, on comprend très-bien qu'ils ne peuvent
contenir qu'une faune spéciale qui n'est ni celle des terrains tertiaires connus, ni celle de la craie supérieure
elle-même, son équivalente, puisque jusqu'ici on ne la
connaît qu'avec des fossiles marins. Lorsqu'ils étaient réputés miocènes, on ne pouvait naturellement les rappro-
cher par la faune d'aucun terrain du même âge, puis,
lorsque, plus tard, la découverte des *Palæotherium* dans
les gypses de Gargas et d'Aix a obligé les plus rebelles à
les considérer comme éocènes, la même difficulté s'est
reproduite par rapport aux terrains éocènes de Paris, de
la Belgique et de l'Angleterre.

Outre ces difficultés qui violaient ouvertement les lois
de l'analogie, il s'en présentait une autre dont on ne te-
nait aucun compte et qui consiste, en ce fait, que le passage des premières couches santoniennes lacustres aux
couches franchement marines s'opérait à l'aide de transitions et d'alternances si bien ménagées, puisqu'on cons-
tate le mélange d'espèces d'eau douce et d'espèces marines dans un même banc, qu'il devenait évident que les
uns et les autres avaient vécu dans le même temps et sur
les mêmes lieux. Dès lors comment concilier les contra-
dictions qui découlent du système proclamé ? Dans l'hy-
pothèse qui considère les terrains comme d'eau douce et
tertiaires, il fallait admettre que dans la Provence les espèces santoniennes marines s'étaient propagées jusque dans
la période éocène, pendant qu'elles avaient été complètement anéanties ailleurs, qu'elles avaient traversé toute la
période de la craie blanche qui, dans le Nord de la France

et jusque dans les Alpes, à deux pas de la Sainte-Beaume, conserve sa faune spéciale, spécialité qu'elle aurait perdue dans la Basse-Provence seulement.

En admettant, au contraire, que la craie blanche fait défaut dans le midi, que les lignites de Fuveau sont éocènes et la craie du Plan-d'Aups santonienne, on déclare implicitement par là même que le sol de la Provence était émergé pendant le dépôt de la craie blanche à *Belemnitella mucronata* : et alors comment expliquer le mélange des fossiles santoniens et des fossiles tertiaires, à moins de déclarer, ou que la faune santonienne du midi correspond à la craie supérieure de Paris, de l'Angleterre et de Maëstricht, ou de reconnaître celle-ci dans les lignites de Fuveau. On comprend de suite l'absurdité de pareilles suppositions capables de contenter seulement les fabricateurs de systèmes.

En reconnaissant, au contraire, avec M. Matheron, que la série des terrains, à partir de la craie marneuse jusques et y compris les terrains tertiaires miocènes, est aussi complète dans la Provence que dans le bassin de Paris, avec cette concession que la craie blanche de Meudon y est d'eau douce, les choses s'expliquent d'elles-mêmes, les déductions découlent de principes certains et connus; chaque étage, comme cela se vérifie pour les autres contrées, possède sa faune spéciale; chaque faune est distribuée suivant les lois de la stratigraphie; les passages minéralogiques et la concordance de stratification qui unissent les membres du même tout les uns aux autres indiquent que les phénomènes de la sédimentation n'ont jamais été interrompus, ou en d'autres termes, qu'il n'existe aucun hiatus.

Je me permettrai de rappeler à ce sujet les luttes que j'ai eu à soutenir contre d'honorables et savants contradicteurs pour faire triompher l'opinion à laquelle m'avait amené mes études sur la formation crétacée, à savoir que la craie supérieure marine du midi de la France ne comprenait que la craie de Villedieu, ou mon étage santonien. Je me basais sur la présence des *Ostrea auricularis, proboscidea, Talmontiana, santonensis, Lima ovata, Spondylus truncatus, Micraster brevis*, et sur l'absence absolue de tous fossiles de la craie blanche, même de l'*Ostrea vesicularis* et de l'*Ananchytes ovatus*, qui occupent, dit-on, plusieurs étages et n'en caractérisent aucun.

Comme, dans les Deux-Charentes et dans la province de Constantine, je découvrais des fossiles de Meudon et de Maëstricht dans des assises d'une épaisseur de plus de 100 mètres, incontestablement supérieures aux assises santoniennes de la Provence également représentées dans les deux premières contrées, je concluais que la craie blanche existait dans le sud-ouest et en Algérie, et qu'elle manquait dans le midi de la France, car à cette époque personne n'avait songé à faire descendre les lignites lacustres de Fuveau au niveau de la craie blanche. Mes conclusions n'étaient donc en réalité qu'une affirmation nouvelle de la sûreté des méthodes paléontologiques et de l'indépendance des faunes. On comprend alors comment la craie blanche à *Belemnitella mucronata* et *Ostrea vesicularis* des grandes Alpes arrive jusqu'au-delà de Castellane, et comment ces fossiles manquent dans la Basse-Provence, où la craie blanche est d'eau douce. C'est ainsi que les calcaires et les argiles rouges de Vitrolles, qui sont lacustres, représentent les calcaires nummulitiques du Var et des Alpes-Maritimes, de la même manière que le wealdien d'eau douce de l'Angleterre représente l'étage valengien marin du terrain néocomien.

On conçoit aussi que le terrain à lignites de Fuveau fasse complètement défaut dans les portions du Var, des Bouches-du-Rhône et des départements limitrophes, où la craie supérieure n'est pas représentée, et où existe cependant la série complète des terrains tertiaires supérieurs à ces mêmes lignites.

Les quatre points suivants me paraissent donc solidement établis : 1° la base de la craie blanche (étage santonien) comprend un sous-étage d'origine fluvio-lacustre renfermant des lignites exploitables; 2° les terrains à lignite de Fuveau sont supérieurs au terrain à lignites du Plan-d'Aups et de la Cadière, et ils occupent la place de la craie proprement dite; 3° les terrains à lignites de Fuveau et la craie à *Belemnitella mucronata* et *Ananchytes ovatus* s'excluent mutuellement dans une même localité;

par la raison qu'ils sont parallèles, et que partant ils ne peuvent jamais se trouver superposés ; 4° enfin, il y a concordance parfaite et passage ménagé entre les divers étages de la craie supérieure.

Dans la commune même du Plan-d'Aups et sur les flancs septentrionaux de la chaîne de la Sainte-Beaume, l'étage santonien n'est point recouvert ; mais entre la ferme de Roussargues, sous les pics de la Roque-Four-cado et le hameau de Vèdes, dans la commune d'Auriol, on voit succéder aux bancs à *Turritella Coquandi*, des argiles bitumineuses, et au-dessus de celles-ci se développer les assises lignitifères du système de Fuveau, avec leurs légions de *Corbicula gardanensis* et *C. Brongniartiana*. Les lignites exploités au-dessus du vallon des Incarnaux en sont une dépendance.

On observe une bande très-étroite du même terrain F (fig. 12) qui s'applique sur le revers septentrional de

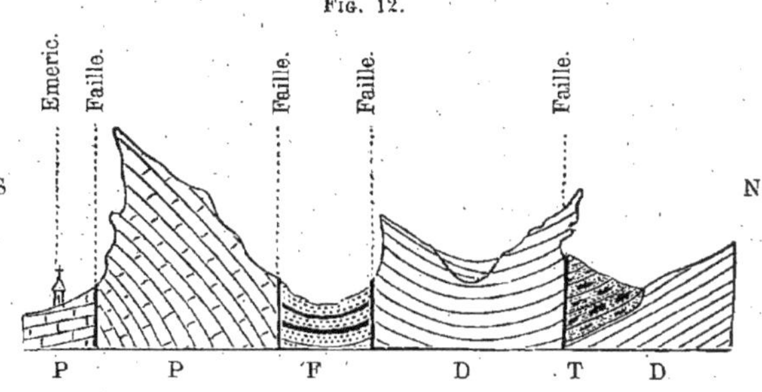

Fig. 12.

P Étage provencien (calcaire à Hippurites). — D Oolithe inférieure. — F Terrain lignitifère de Fuveau. — T Poudingues tertiaires.

l'arête rocheuse qui sépare le Plan-d'Aups des versants tributaires de la vallée de l'Huveaune, et que l'on traverse entre la Grande-Bastide et l'église de Saint-Jaume. Elle dessine, entre deux failles qui la mettent en contact d'un côté avec l'étage provencien P et l'oolithe inférieure D de l'autre, un petit vallon entièrement recouvert par les

cultures; on y recueille en abondance la *Corbicula gardanensis.*

Nous mentionnerons aussi, mais sans le décrire, un lambeau d'argiles rouges et grises, surmontées de bancs puissants de poudingue à gros éléments T, qui s'étend sous
le Plan-d'Aups jusqu'au-delà de la Grande-Bastide. Ce
poudingue, qui repose sur le terrain jurassique D, est incontestablement de l'époque tertiaire, et il contient à
l'état roulé les calcaires arrachés aux formations jurassi-
sique et crétacée des montagnes environnantes. Les cailloux les plus abondants appartiennent aux calcaires coralliens de la chaîne de la Lare. Sa position et son analogie
avec les poudingues du Tholonet nous permettent de la
rapporter presque avec certitude à la portion des terrains
tertiaires lacustres des environs d'Aix, qui correspondent
au calcaire grossier parisien.

Notre tâche est terminée, notre but principal étant de
donner un aperçu de la constitution géologique des terrains secondaires de la Basse-Provence. Toutefois, pour
rendre plus compréhensibles les nombreux accidents qui
ont tourmenté la région que nous venons de décrire,
nous avons jugé utile de donner, dans la coupe suivante
(fig. 13), le croquis des montagnes qui se rattachent à la
chaîne de la Sainte-Beaume. Ce croquis traverse la chaîne
du nord au sud perpendiculairement à sa direction, depuis la route de Marseille à Toulon, dans la commune de
Cuges, jusqu'à la route de Marseille à Brignoles, dans la
commune de Saint-Zacharie. Nous avons dû nous borner
à indiquer les failles principales qui dépècent le massif,
car s'il avait fallu accorder une place à tous les accidents
secondaires qui se rattachent aux dislocations principales, il serait devenu nécessaire de donner à la coupe des
proportions que ne comportaient ni le sujet ni le format
de l'ouvrage.

Notre travail se résume en deux mots :
1° Au-dessus du terrain permien les formations triasique, jurassique et crétacée, jusques et y compris la *craie*

Fig. 13.

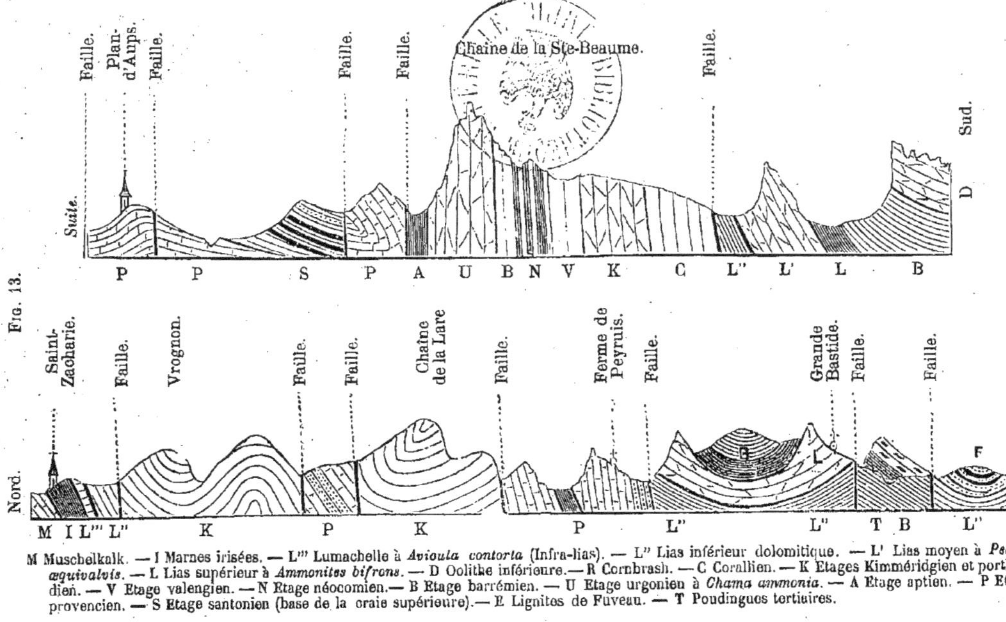

M Muschelkalk. — I Marnes irisées. — L''' Lumachelle à *Avioula contorta* (Infra-lias). — L'' Lias inférieur dolomitique. — L' Lias moyen à *Pecten æquivalvis*. — L Lias supérieur à *Ammonites bifrons*. — D Oolithe inférieure. — R Cornbrash. — C Corallien. — K Etages Kimméridgien et portlandien. — V Etage valengien. — N Etage néocomien. — B Etage barrémien. — U Etage urgonien à *Chama ammonia*. — A Etage aptien. — P Etage provencien. — S Etage santonien (base de la craie supérieure). — E Lignites de Fuveau. — T Poudingues tertiaires.

blanche de Meudon (étage campanien), se trouvent représentés dans la Basse-Provence, et y constituent une série d'étages aussi complets que dans le nord de la France et dans la chaîne du Jura; 2° les failles nombreuses et les renversements de couches qui ont dénivelé les étages ou interverti l'ordre primitif de leur superposition se réfèrent à la révolution qui a déterminé le surgissement des Alpes principales.